气体继电器校验
操作指南

主　编　周　迅

副主编　石惠承　李传才　魏泽民

中国电力出版社
CHINA ELECTRIC POWER PRESS

内 容 提 要

本书对气体继电器技术发展历程、原理结构、功能分类及作用等基础知识进行了讲解；按照 DL/T 540—2013《气体继电器检验规程》规定要求，对气体继电器校验装备及校验相关内容的具体要求及方法进行了详细说明。本书还涵盖了气体继电器的安装、调试、运维管理和消缺实用技术等内容，并列举一些典型的故障案例进行深入解析，总结和提炼出气体继电器运维巡视、在线消缺、故障诊断等的典型经验。

本书可供电力系统及供用电单位变电运行、变电检修、设备校验等技术人员及相关工程管理人员阅读，也可供大中专高等院校相关专业师生和制造厂家参考，也可作为电力、电气、检测等专业技术人员培训教材。

图书在版编目（CIP）数据

气体继电器校验操作指南 / 周迅主编．—北京：中国电力出版社，2019.11
ISBN 978-7-5198-3742-6

Ⅰ．①气…　Ⅱ．①周…　Ⅲ．①气体继电器–校验–指南　Ⅳ．①TM586-62

中国版本图书馆 CIP 数据核字（2019）第 207012 号

出版发行：中国电力出版社
地　　址：北京市东城区北京站西街 19 号（邮政编码 100005）
网　　址：http://www.cepp.sgcc.com.cn
责任编辑：邓慧都（010-63412636）
责任校对：黄　蓓　马　宁
装帧设计：张俊霞
责任印制：石　雷

印　　刷：三河市万龙印装有限公司
版　　次：2019 年 11 月第一版
印　　次：2019 年 11 月北京第一次印刷
开　　本：787 毫米×1092 毫米　16 开本
印　　张：8.75
字　　数：195 千字
定　　价：40.00 元

编　委　会

主　任　韩中杰　钱国良

副主任　傅　进　高惠新

委　员　汤晓石　穆国平　钟鸣盛　刘强强

编　写　组

主　　编　周　迅

副主编　石惠承　李传才　魏泽民

参编人员　周　刚　蔡宏飞　张思远　何升华　汪泽州

　　　　　吕　超　蔡亚楠　宋　丽　吴晓东　孙立峰

　　　　　许路广　俞　军　闻飞翔　刘剑清　卜能源

　　　　　张金玉　郭建峰　刘维亮　段　彬　颜国华

　　　　　王　彪　李　霖　彭卫东

前　言

　　电力变压器作为输变电重要电气设备，安全、可靠性关系到整个电网的安全稳定运行。其中气体继电器作为电力变压器的主保护之一，气体继电器装备质量、校验准确性、安装正确性、运维科学性、消缺针对性等，对电网安全起到至关重要的作用。

　　本书系统地对电力变压器气体继电器的发展历程，其在电网安全稳定运行中的作用进行全面阐述。对气体继电器的机械结构、用途及分类进行详细介绍，并对气体继电器的校验装备、校验方法、安全调试、运行维护等展开深入学习，还对气体继电器典型故障案例进行深入浅出的剖析。

　　本书针对实际工作中对变压器气体继电器的校验技术、安装调试、运行维护、故障诊断等方面常见的几大误区进行了细致的分析和解读。对容易被忽视的气体继电器校验装备的选型、安装、调试、日常管理等的作业管理盲区进行了系统的介绍。对指导读者如何正确校准气体继电器具有极强的指导意义。

　　本书对气体继电器的日常运维巡视罗列出了极其详尽的要求，对气体继电器的日常运维消缺提供了极具针对性的专业要求及建议。规范了运维人员的日常运维作业标准要求，科学简化了运维人员日常消缺流程，降低了运维消缺的作业风险和技术难度。书中选取的案例全部来自于国内外电力系统中历年真实的变压器故障、事故。对培育专业技术人员如何科学剖析气体继电器故障，如何科学预防气体继电器故障具有极强的指导作用和深远的影响。

　　在编写本书时，参考了大量的相关书籍、文献，在此对原作者表示深深的谢意！

　　由于编写时间仓促，编者的工作经验和理论水平有限，书中难免存在错误和不妥之处，恳请各位专家和读者提出宝贵意见，使之不断完善。

编　者

2019 年 9 月

目　录

概　　述

第一节　气体继电器的发展

什么是气体继电器，气体继电器在哪里发挥着怎样的作用？要解决这个问题，我们首先要了解电力变压器及其保护。

一、电力变压器

电力变压器（简称变压器）是用来变换交流电压、电流而传输交流电能的一种静止的电器设备。它是根据电磁感应的原理实现电能传递的。变压器就其用途可分为电力变压器、试验变压器、仪用变压器及特殊用途变压器，其中电力变压器是电力输配电、电力用户配电的必要设备。变压器在电力系统中主要作用是变换电压，以利于功率的传输。升高电压可以减少线路损耗，提高送电的经济性，达到远距离送电的目的。降低电压，把高电压变为用户所需要的各级使用电压，满足用户需要。

变压器是一种静止的电气设备，是用来将某一数值的交流电压（电流）变成频率相同的另一种或几种数值不同的电压（电流）的设备。当一次绕组通以交流电时，就产生交变的磁通，交变的磁通通过铁芯导磁作用，就在二次绕组中感应出交流电动势。二次感应电动势的高低与一、二次绕组匝数之比有关，即电压大小与匝数之比成正比。主要作用是传输电能，因此，额定容量是它的主要参数。额定容量是一个表现功率的惯用值，它是表征传输电能的大小，以 kVA 或 MVA 表示，当对变压器施加额定电压时，根据它来确定在规定条件下不超过温升限值的额定电流。

变压器的基本结构组成和结构图分别如图 1-1 和图 1-2 所示。

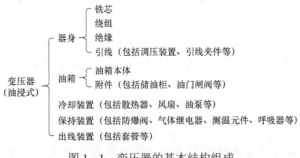

图 1-1　变压器的基本结构组成

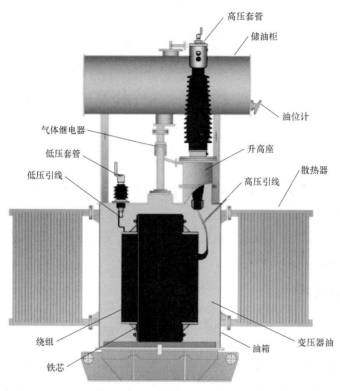

图 1-2 变压器的基本结构图

变压器（油浸式）主要由器身、油箱、冷却装置、保护装置和出线装置 5 部分组成。其中器身包括铁芯、绕组、绝缘介质和引线（包括调压装置和引线夹件等），油箱由油箱本体和附加（储油柜、油门闸阀等）组成，冷却装置包括散热器、风扇、油泵等，保护装置包括防爆阀、气体继电器、测温元件、呼吸器等，出线装置主要是出线套管。

以下将对变压器的基本组成构件进行简单介绍。

（一）铁芯

铁芯是变压器最基本的组成部件之一，是变压器的磁路部分，变压器的一、二次绕组都在铁芯上，为提高磁路导磁系数和降低铁芯内涡流损耗，铁芯通常用 0.35mm，表面绝缘的硅钢片制成。铁芯分铁芯柱和铁轭两部分，铁芯柱上套绕组，铁轭将铁芯连接起来，使之形成闭合磁路。

为防止运行中变压器铁芯、夹件、压圈等金属部件感应悬浮电位过高而造成放电，这些部件均需单点接地。为了方便试验和故障查找，大型变压器一般将铁芯和夹件分别通过两个套管引出接地。

（二）绕组

绕组也是变压器的最基本的部件之一。它是变压器的电路部分，一般用绝缘纸包裹的铜线或者铝线绕成。接到高压电网的绕组为高压绕组，接到低压电网的绕组为低压绕组。

大型变压器采用同心式绕组。它是将高、低压绕组同心地套在铁芯柱上。通常低压绕组靠近铁芯，高压绕组在外侧。这主要是从绝缘要求容易满足和便于引出高压分接开关来考虑的。变压器高压绕组常采用连续式结构，绕组的盘（饼）和盘（饼）之间有横向油道，起绝缘、冷却、散热作用。

（三）绝缘材料

变压器的绝缘材料主要是电瓷、电工层压木板及绝缘纸板。变压器绝缘结构分为外绝缘和内绝缘两种：外绝缘指的是油箱外部的绝缘，主要是一、二次绕组引出线的瓷套管，它构成了相与相之间和相对地的绝缘；内绝缘指的是油箱内部的绝缘，主要是绕组绝缘和内部引线的绝缘以及分接开关的绝缘等。

绕组绝缘又可分为主绝缘和纵绝缘两种。主绝缘指的是绕组与绕组之间、绕组与铁芯及油箱之间的绝缘；纵绝缘指的是同一绕组匝间以及层间的绝缘。

（四）储油柜

储油柜也称作油枕，有常规储油柜和波纹储油柜之分，当变压器油的体积随油温的升降而膨胀或缩小时，储油柜就起着储油和补油的作用，以保证油箱内始终充满油。储油柜的体积一般为变压器总油量的 8%～10%。

常规储油柜有三种形式：敞开式、隔膜式和胶囊式。大型变压器为了保证变压器油的性能，防止油的氧化受潮，一般采用隔膜式和胶囊式，以避免油与空气直接接触。

储油柜上装有油位计，现在一般采用磁力油位计，变压器的油位计和变压器油的温度相对应，用以监视变压器油位的变化。

（五）呼吸器

呼吸器又叫吸湿器，由油封、容器、干燥剂组成。容器内装有干燥剂（如硅胶）；当油枕内的空气随着变压器油体积膨胀或缩小时，排出或吸入的空气都经过呼吸器，呼吸器内的干燥剂吸收空气中的水分，对空气起过滤作用，从而保障了油枕内的空气干燥而清洁。呼吸器内的干燥剂变色超过二分之一时应及时更换。

有载开关油枕的呼吸器干燥剂更需及时更换，原因是油枕属敞开式油枕，没有胶囊或者隔膜，呼吸器一旦失去吸潮功能，水分就会直接沿管道进入开关内。波纹油枕没有呼吸器。

（六）冷却装置

变压器运行时产生的铜损、铁损等损耗都会转变成热量，使变压器的有关部分温度升高。

变压器的冷却方式有：

（1）油浸自冷式（ONAN）；

（2）油浸风冷式（ONAF）；

（3）强迫油循环风冷式（OFAF）；

（4）强迫油循环水冷式（OFWF）。

冷控系统是根据变压器运行时的温度或负荷高低手动或自动控制投入或退出冷却设备，从而使变压器的运行温度控制在安全范围。

（七）油流继电器

油流继电器是检测潜油泵工作状态的部件，安装在油泵管路上。当油泵正常工作时，在油流的作用下，继电器安装在管道内部的挡板发生偏转，带动指针指向油流流动侧，同时内部接点闭合，发出运行信号；当油泵发生故障停止或出力不足时，挡板没有偏转或偏转角度不够，指针偏向停止侧，点接通，跳开相应不出力的故障油泵，从而启动备用冷却器，发信号。

（八）压力释放器

压力释放器装于变压器的顶部。变压器一旦出现故障，油箱内压力增加到一定数值时，压力释放器动作，释放油箱内压力，从而保护了油箱本身。在压力释放过程中，微动开关动作，发出报警信号，也可使其接通跳闸回路，跳开变压器电源开关。此时，压力释放器动作，标志杆升起，并突出护盖，表明压力释放器已经动作。当排除故障后，投入运行前，应手动将标志杆和微动开关复归。压力释放器动作压力有 15、25、35、55kPa 等各种规格，根据变压器设计参数选择。

（九）气体继电器

气体继电器也称瓦斯继电器，它是变压器的主要保护装置，安装在变压器油箱与储油柜的连接管上。有 1%～1.5% 的倾斜角度，以使气体能流到气体继电器内，当变压器内部故障时，由于油的分解产生的油气流，冲击继电器下挡板，使触点闭合，跳开变压器各侧断路器。若空气进入变压器或内部有轻微故障时，可使继电器上触点动作，发出预报信号，通知相关人员处理。气体继电器上部装有试验及恢复按钮和放气阀门。气体继电器上部有引出线，分别接入跳闸保护及信号。瓦斯应有防雨罩，防止进水。气体继电器应定期进行动作和绝缘校验。

（十）温度计

温度计由温包、导管和压力计组成。将温包插入箱盖上注有油的安装座中，使油的温度能均匀地传到温包，温包中的气体随温度变化而胀缩，产生压力，使压力计指针转动，指示温度。

变压器还安装有 PT100（铜铂合金）的电阻，该电阻阻值随温度呈线性变化，可以在控制室观察变压器温度。变压器的温度计除指示变压器上层油温和绕组温度以外，另一个作用是作为控制回路的硬接点启动或退出冷却器、发出温度过高的告警信号。

（十一）绝缘套管

变压器绕组的引出线从油箱内穿过油箱盖时，必须经过绝缘套管，以使带电的引出线与接地的油箱绝缘。绝缘套管一般是瓷制的，它的结构取决于它的电压等级。

10kV 以下的为单瓷制绝缘套管，瓷套内为空气绝缘或变压器油绝缘，中间穿过一根导电铜杆。

110kV 及以上电压等级一般采用全密封油浸纸绝缘电容式套管。套管内注有变压器油，不与变压器本体相通。

二、变压器保护

变压器保护是保护变压器安全和防止电力系统长时间大面积停电的最基本、最重要、最有效的技术手段。许多实例表明，变压器保护装置一旦不能正确动作，就会扩大事故，酿成严重后果。因此，加强变压器的保护设计、定值整定和保护调试，是保证变压器本体安全以及电网安全的重要工作。

根据变压器异常的工作故障和状态，可以将变压器的保护分为五种：① 非电量保护。反应变压器油温、油位等异常以及内部短路故障的保护。② 差动保护和电流速断保护。反应变压器内部绕组短路故障以及引出线的单相或多相短路故障和绕组匝间短路故障的保护。③ 后备保护（过电流保护）。反应变压器内部短路故障和外部相间短路故障的保护。④ 零序电流保护。反应中性点直接接地系统中，在相邻线路上发生接地故障和在变压器内部发生故障时保护变压器的保护。⑤ 过负荷保护。反应变压器负载过载的保护。其中差动保护和非电量保护是变压器的主保护，过电流保护为变压器的后备保护。

（一）非电量保护

变压器的非电量保护，顾名思义就是指由非电气量反映的发信告警或直接保护跳闸动作的保护，一般是指保护的判据不是电量（如电流、电压、频率、阻抗等），而是非电量，如瓦斯保护（通过油速整定）、油温高保护（通过温度高低）、压力释放保护（压力）、防火保护（通过火灾探头等）、油位异常保护（油位高低整定）等。

非电量保护可对输入的非电量触点进行记录和保护报文记录并上传，变压器非电量保护主要包括本体轻瓦斯保护、本体重瓦斯保护、有载轻瓦斯保护、有载重瓦斯保护、压力释放、冷控失电、油温过高、油位异常等，经软硬连接片发信告警或直接经出口跳闸。

瓦斯保护是变压器保护的主保护。当变压器内部出现不严重的匝间短路故障、放电或单相接地时，其他保护因为得到的信号弱而不起作用，但这些故障均能引起变压器油以及其他材料分解产生气体，进而造成喷油冲动气体继电器。利用这一特点构成的反映气体变化的保护装置称为瓦斯（气体）保护。

瓦斯保护按保护功能分为轻瓦斯保护及重瓦斯保护两种。瓦斯保护按保护对象分为本体瓦斯保护和有载瓦斯保护。

压力释放保护也是变压器的主保护。它是反应变压器内部油压的，压力释放保护原理功能与重瓦斯保护基本相同。压力释放阀安装于变压器的油箱顶部，由一组弹簧跟保护触点组成。

压力释放阀的作用：当变压器内部发生三相短路或者其他严重故障时，短路产生的电弧使变压器油发生分解，产生大量气体使变压器油膨胀，变压器内部压力增大，此时变压器压力释放阀开启，释放不正常的压力，避免变压器由于压力过大造成严重损失。压力释放阀开启时，带动压力释放保护触点闭合，跳开变压器各侧开关。

压力释放装置分为两种：压力释放阀和安全气道（防爆筒）。压力释放阀是安全气道的升级产品，目前电力系统中被广泛应用，结构为弹簧压紧一个膜盘，压力通过克服弹簧压力冲开膜盘释放，其最大的优点是能够自动恢复。安全气道为释放膜结构，现在已基本淘汰，它的原理是当变压器内部压力升高时冲破释放膜释放压力，如日本三菱产变压器。

变压器油温保护是通过采集变压器的上层油温或者绕组温度而形成的一种保护。通常变压器油温保护只发报警信号不作用于跳闸。变压器油位保护是反映油箱内油位异常的保护。当变压器发生漏油或者因为其他原因导致变压器油位低于或高于设定值时发出报警信号，变压器油位保护一般也不作用于跳闸。

在运行时，变压器由于自身功率损耗等原因温度将不断升高，为了避免高温损坏变压器绕组绝缘，提高变压器传输能力，大型变压器均配置有各种冷却系统，例如强油循环风冷（变压器外加装风扇）和强油循环水冷（变压器外增设冷水池）等，来确保变压器本体温度始终保持在正常工作范围之内。

按照控制逻辑分类，变压器的冷却系统可分为手动投入模式和自动投入模式。手动投入模式是运行值班人员根据户外环境温度和变压器所带负载情况人为选择投入几组风扇的工作状态，通常情况下，变压器运行一般最少投入一组风扇。自动投入模式是按照变压器所带负载多少与变压器顶层油温来控制冷却风扇的启、停。当变压器所带负载达到设定值或者上层油温达到设定值时，变压器自动投入冷却风扇，当变压器所带负载低于设定值或者油温低于设定值时，变压器自动切除冷却风扇。

变压器的非电量保护，不管是瓦斯保护还是油温、油位等异常的保护，其原理都是在变压器的控制跳闸回路或者信号回路中串入变压器本体的一个触点。当变压器出现异常时，触点闭合，跳闸回路或者信号回路接通，实现各保护功能。

（二）变压器差动保护

变压器差动保护是变压器的主保护。主要保护主变压器内部发生的相间或接地故障，以及各相引出线间的故障。变压器差动保护是比较被保护设备各侧电流的相位和数值的大小（不平衡电流）而构成的一种保护。

（三）后备保护

为防止变压器外部相间短路引起的变压器过流，变压器除了装设主保护外，还必须装设后备保护，作为差动保护和瓦斯保护的后备。

变压器后备保护顾名思义是作为变压器保护的后备保护。它是在变压器外部发生短路故障引起过电流，以及变压器内部发生短路故障的后备保护。根据外部或者内部短路电流情况及变压器容量的大小，确保符合保护灵敏度的要求。变压器的后备保护一般包括复压过电流保护、过电流速断保护、接地保护、过载保护等。变压器保护按保护对象不同分为高后备保护、中后备保护和低后备保护等。

复压过电流保护是通过复合电压是否满足条件来闭锁过电流的一种保护，是一种跟电压有关的过电流保护。闭锁就是关闭、锁住的意思，就是由复合电压来控制（关闭或打开）的过电流保护。电流与电压都要达到某个条件时，才动作，其中只要有一个未达到整定的条件就不会启动保护。如果仅仅是过电流保护的话，只要电流超过某个最大值，就会启动保护。

（四）零序电流保护

零序电流保护即接地保护，它的主要作用是切除母线故障。其次，接地保护也可作变压器内部故障以及相邻线路发生接地故障时的后备保护。

中性点直接接地系统发生接地短路时，短路点与中性点之间形成闭合回路，此时在回路中将产生很大的零序电流，我们利用产生的零序电流构成一个电流保护，此保护可以作为一种主要的接地短路保护。

对变压器的保护有了基本的了解之后，本文主要阐述的是非电量保护中的瓦斯保护。我们知道，变压器的非电量保护，不管是瓦斯保护还是油温、油位等异常的保护，其原理都是在变压器的控制跳闸回路或者信号回路中串入变压器本体的一个触点。那么瓦斯保护的触电是什么呢，正是本书将要详细介绍的气体继电器。

三、气体继电器

气体继电器是利用变压器内故障时产生的热油流和热气流推动继电器动作的元件，是变压器的保护元件，气体继电器装在变压器的油枕和油箱之间的管道内。

气体继电器是由马克斯·布赫霍尔茨于 1921 年研制发明的。自那时起气体继电器便成为对配备储油柜的绝缘液冷变压器、接地电抗器，以及充油通路分离监控或导线接线盒提供保护与监控的重要设备。安装在受保护设备的冷却循环系统中，对如气体的生成、绝缘液的流失和绝缘液中过高涌流等故障做出反应。

下文将详细介绍气体继电器，包括气体继电器的作用、结构原理、分类、校验、安装调试、运维、故障分析等方面，使读者对气体继电器有更深入的了解，帮助读者更好地选择和使用气体继电器。

第二节 气体继电器的作用

一、气体继电器的主要作用

变压器气体继电器位于储油柜与箱盖的连管之间，当变压器内部发生故障，如绝缘击穿、匝间短路、铁芯事故等，由于电弧热量使绝缘油体积膨胀，大量气化，产生大量气体，油气流冲向储油柜，流动的气流、油流使继电器动作；或油箱漏油使油面降低，接通信号或跳闸回路，保护变压器不再扩大损失。

瓦斯保护是变压器的主要保护，能有效反映变压器的内部故障。轻瓦斯保护的气体继电器由开口杯、干簧触点等组成，作用于信号；重瓦斯保护的气体继电器由挡板、弹簧、干簧触点等组成，作用于跳闸。变压器正常运行时，气体继电器充满油，开口杯浸在油内，处于上浮位置，干簧触点断开。当变压器发生内部故障时，故障点局部发生高热，引起附近的变压器油膨胀，油内溶解的空气被逐出，形成气泡上升，同时油和其他材料在电弧和放电等的作用下电离而产生气体。如果变压器内部故障轻微时，排出的气体缓慢上升而进入气体继电器，使油面下降，开口杯产生以支点为轴的逆时针方向转动，使干簧触点接通，发出信号。如果变压器内部故障严重时，将产生大量的气体，使变压器内部压力突增，形成很大的油流向油枕方向冲击。因油流冲击挡板，挡板克服弹簧的阻力，带动磁铁向干簧触点方向移动，使干簧触点接通，作用于跳闸。变压器内部绕组出现短路、绝缘损坏、接触不良或铁芯发生多点接地等故障时，都将产生大量的热能，使油分解出可燃气体向储油柜方向流去。当油流速超过气体继电器的整定值时，气体继电器挡板受到力的冲击而使断路器跳闸，重瓦斯保护动作；当气体沿油面上升，聚集在瓦斯继电器内达到 250～300mL 时，也可使气体继电器的信号触点接通，发出报警信号，轻瓦斯保护动作。

二、气体继电器的其他作用

除此以外，辅助设备的异常也会引起瓦斯保护动作，主变压器辅助设备运行维护不当或存在缺陷，轻则造成轻瓦斯保护动作，重则造成重瓦斯保护动作，影响电网安全稳定运行。因此气体继电器通过轻瓦斯动作或重瓦斯动作反映的这些问题，越早发现主变压器辅助设备的异常，就能及时制止变压器事故，甚至变压器爆炸的恶性事件。

（一）呼吸系统不畅通

变压器的呼吸系统包括气囊呼吸器、有载调压呼吸器、防爆筒呼吸器等。呼吸系统不畅或堵塞会造成轻、重瓦斯保护动作，并大多伴有喷油或跑油现象。如，某 110kV 变电站主变压器，投运不到 1 年时间，轻、重瓦斯保护动作且压力阀喷油，油色谱分析未发现异常。经检查发现，轻、重瓦斯保护动作的由变压器气囊呼吸器堵塞所致。

（二）冷却系统漏气

如果冷却系统密封不严，进入了空气，或新投运的变压器未经真空脱气，都会引起瓦斯保护动作。如，某 110kV 电站主变压器瓦斯保护频繁动作，经检查分析是第 7 号风冷器漏气，处理后主变压器运行正常。

（三）冷却器入口阀门关闭

冷却器入口阀门关闭造成堵塞，会引起瓦斯保护频繁动作。如，某电厂厂用变压器大修投运一段时间后，气体继电器突然动作，油色谱分析正常，经检查发现，冷却器入口阀门关闭造成堵塞，相当于潜油泵向变压器注入空气，造成瓦斯保护频繁动作。

（四）散热器上部进油阀门关闭

散热器上部进油阀门关闭，会引起瓦斯保护频繁动作。如，某 220kV 变电站 220kV 主变压器冲击送电时，冷却系统投入时发生重瓦斯保护动作，检查发现，主变压器 4 号散热器上部进油蝶阀被关闭，而下部出油蝶阀处于正常开启状态。当潜油泵通电工作时，迅速将散热器内的油排入本体，散热器内呈真空状态，本体油量增加时，油以很快的速度经气体继电器及管路流向储油柜，在高速油流冲击下瓦斯保护动作。

（五）潜油泵有缺陷

潜油泵缺陷对油中气体有很大的影响：一是潜油泵本身烧损，使本体油热分解，产生大量可燃气体；二是当窥视玻璃破裂时，由于轴尖处油流急速而造成负压，可能带入大量空气。即使玻璃未破裂，由于滤网堵塞形成负压空间使油脱出气泡，也会造成气体继电器频繁动作。

（六）变压器进气

运行经验表明，轻瓦斯保护动作的原因绝大多数是由变压器进入空气造成的。造成变压器进气的原因主要有：密封垫老化和破损、法兰结合面变形、油循环系统进气、潜油泵滤网堵塞、焊接处砂眼进气等。

（七）变压器内部出现负压区

变压器在运行中有些部位的阀门可能被误关闭：一是储油柜下部与油箱连通管上的蝶阀或气体继电器与油枕连通管之间的蝶阀；二是安装时，储油柜上盖关得很紧而呼吸器下端的密封胶圈又未取下。若上述阀门被误关闭，当气温下降时，变压器主体内的油体积缩小而缺油又不能及时得到补充，致使油箱顶部或气体继电器内出现负压区，有时在气体继电器中还会形成油气上下浮动，油中逸出的气体向负压区流动，最终导致瓦斯保护动作。

（八）储油柜油室中有气体

大型变压器通常装有胶囊隔膜式储油柜，胶囊将储油柜分为气室和油室两部分。若油室中有气体，运行时油面升高就会产生假油面，严重时会从呼吸器喷油或使防爆膜破裂。此时变压器油箱内的压力经呼吸器法兰突然释放，在气体继电器管路中产生油流，同时套管升高座等死区的气体被压缩而积累的能量也突然释放，使油流的速度加快，导致瓦斯保护动作。

（九）净油器的气体进入变压器

在检修后安装净油器时，由于排气不彻底、净油器入口胶垫密封不好等原因，使空气进入变压器，导致轻瓦斯保护动作。另外，停用净油器时也可能引起轻瓦斯保护动作。

（十）气温骤降

对于开放式变压器，其油中总气量约为 10%。大多数分解气体在油中的溶解度是随温度升高而降低的，但空气却不同，当温度升高时，它在油中的溶解度是增加的，因此，对空气饱和的油，如温度降低，将会释放出空气。当负载或环境温度骤降时，即使油未饱和，但由于油的体积收缩，油面压力来不及通过呼吸器与大气平衡而降低，油中溶解的空气也会释放出来。操作不当也会引起瓦斯保护动作。

（十一）放气操作不当

当气温很高、变压器负载又大时，或虽然气温不很高，负载突然增大时，运行值班员应加强巡视，发现油位计油位异常升高（压力表指示数增大）时，应及时放气。放气时，必须缓慢地打开放气阀，以防止因储油柜空间压力骤然降低，油箱的油迅速涌向储油柜，导致重瓦斯保护动作。

（十二）变压器身排气不充分

有的变压器在大修后投入运行不久就发生重瓦斯保护动作，这可能是检修后器身排气不充分造成的。当变压器投运后，温度升高，器身内的气体团突然经气体继电器进入储油柜，随之产生较大的油流冲击，造成重瓦斯保护动作。瓦斯保护动作后，气体继电器内均有空气，这说明这些空气是由变压器器身流向储油柜的。

（十三）安装不当

对于新装的变压器，轻瓦斯保护动作 80% 是由于安装存在问题。如，某部分出现真空、没有进行真空注油、气体继电器安装不当等。

所以，气体继电器的动作不但能反映变压器内部的故障，包括变压器内部的多相短路，匝间短路，绕组与铁芯或外壳间的短路，铁芯故障，油面下降或漏油，分接开关接触不良或导线焊接不良等，也可以反映变压器辅助设备运行维护不当或存在的缺陷。同时，要避免操作不当而引起气体继电器动作，保证气体继电器能真实反映变压器运行中的各种问题，从而保护变压器安全稳定运行。

 思考题

一、什么是瓦斯保护？

答：当变压器内部发生故障时，变压器油将分解出大量气体，利用这种气体动作的保护装置称为瓦斯保护。

二、瓦斯保护有哪些优缺点？

答：瓦斯保护的动作速度快，灵敏度高，对变压器内部故障有良好的反应能力，但对油箱外套管及连线上的故障反应能力却很差。

三、什么情况下变压器应装设瓦斯保护？

答：0.8MVA 及以上油浸式变压器和 0.4MVA 及以上车间内油浸式变压器，均应装设瓦斯保护；带负荷调压的油浸式变压器的调压装置，也应装设瓦斯保护。当壳内故障产生轻微瓦斯或油面下降时，应瞬时动作发信号；当产生大量瓦斯时，应动作于断开变压器各侧断路器。

四、怎样理解变压器非电量保护和电量保护的出口继电器要分开设置？

答：变压器保护差动等保护动作后应启动断路器失灵保护，由于非电量保护（如瓦斯保护）动作切除故障后不能快速返回，可能造成失灵保护的误启动，且非电量保护启动失灵后，没有适当的电气量作为断路器拒动的判据，非电量保护不应该启动失灵。所以，为了保证变压器的差动等电气量保护可靠启动失灵，而非电量保护可靠不启动失灵，应该将变压器非电量保护和电量保护的出口继电器分开设置。

五、根据标准化设计规范，对变压器非电量保护有什么要求？

答：（1）非电量保护动作应有动作报告。

（2）重瓦斯保护作用于跳闸，其余非电量保护宜作用于信号。

（3）作用于跳闸的非电量保护，启动功率应大于 5W，动作电压在额定直流电源电压 55%～70%，额定直流电源电压动作时间为 10～35ms，应具有抗 220V 工频干扰电压的能力。

（4）分相变压器 A、B、C 相非电量分相输入，作用于跳闸的非电量保护三相共用一个功能连接片。

（5）用于分相变压器的非电量保护装置的输入量每相不少于 14 路，用于三相变压器的非电量保护装置的输入量不少于 14 路。

六、变压器新安装或大修后，投入运行发现气体继电器动作频繁，试分析动作原因，怎样处理？

答：动作原因：可能在投运前未将空气排除，当变压器运行后，因温度上升，形成油的对流，内部储存的空气逐渐上升，空气压力造成轻瓦斯动作。

处理方法：应收集气体并进行化验，密切注意变压器运行情况，如温度变化、电流、电压数值及音响有何异常，如上述化验和观察未发现异常，可将气体排除后继续运行。

第二章

气体继电器结构及分类

第一节 气体继电器结构介绍

气体继电器主要由壳体、顶盖部件、铭牌和内芯构成。下面我们将依次介绍气体继电器各个部件的组成结构，以及每个部件发挥的作用。

一、壳体

气体继电器的壳体是由耐气候变化的铸铝合金制成，表层涂色，一般为灰色。依照结构设计形式可分为法兰盘连接或螺纹连接，为了监控开关系统的功能，壳体上装有玻璃视窗，通过玻璃视窗上的数据刻度可以读出聚集气体的体积量，在设备上的玻璃视窗前可安装一块能向上掀起的翻盖板进行保护。

以 EMB 气体继电器为例，图 2-1 和图 2-2 分别为法兰盘连接和螺纹连接的壳体，起到与储油柜与箱盖的连管连接的作用，具体选择法兰盘还是螺纹连接则需要根据油管的尺寸和适配。

法兰

翻盖板

图 2-1 法兰盘连接的壳体

观察窗

螺纹

图 2-2 螺纹连接的壳体

气体继电器的壳体主要的作用是支撑内部的零件，连接储油柜与箱盖。壳体最重要的一个参数就是密封性能，因此对壳体的尺寸要求非常精密，不但要使气体继电器与变压器油管的连接处密封可靠，不能有任何的渗漏，也要与内部的零件达成精密的配合，使气体继电器能够准确动作，保证气体继电器的可靠性。

气体继电器壳体最重要的一个参数是管路通径，就是两侧法兰盘或螺纹通过油流的直径。管路通径通常有 25、50、80mm 三种，根据变压器容量大小的不同选择适当管路通径的气体继电器。一般情况下，变压器容量≤5000kVA 时选择 25mm 管路通径的气体继电器，变压器容量为 5000～10 000kVA（含 10 000kVA）时选择 50mm 管路通径的气体继电器，变压器容量＞10 000kVA 时选择 80mm 管路通径的气体继电器。

二、顶盖部件

气体继电器的顶盖是同壳体一样由耐气候变化的铸铝合金制成，表层涂色。以 EMB 气体继电器为例（见图 2－3），顶盖部件上部有一个接线盒，在接线盒前面有一个放气阀和一个用闷盖螺母覆盖的测试按钮，同时上面还附有一个测试按钮操作说明标牌。接线盒中除了有一个接地点外，顶盖底板内还装有电力引线端子。通过电力引线端子的数量可以决定涉及干簧管类型与数量的开关系统的布线配置。接线盒通过一块盖板实现防触电与防污染锁闭。在盖板内侧可以清楚地看到电路符号和接线布局示意图。连接线通过一个电缆螺旋固定接头被引入接线盒中。

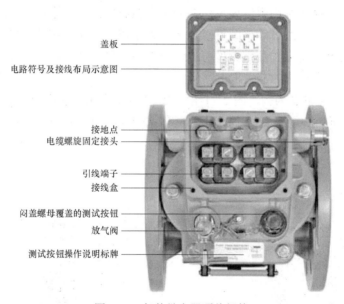

图 2－3　气体继电器顶盖部件

放气阀顾名思义即放气的阀门，在气体继电器校验的过程中，需要我们手动开合放气阀，将气体继电器内的空气排尽，使之充满油，从而可以进行密封性能校验、流速整定、气体容积整定等校验项目，这些校验项目会在下文中做详细的介绍，这里不再赘述。

测试按钮在另一些气体继电器也成为探针，同样在气体继电器的校验中发挥作用，打开旋紧的闷盖螺母，会看到测试按钮，测试按钮是一根细长的金属棒，直接通往内芯。当我们按下或松开测试按钮时，会改变内芯浮子的位置，从而改变气体继电器干簧管的导通状态，达到简单的测试功能。除此以外，测试按钮或探针也可供检查气体继电器跳闸机构的灵活性和可靠性之用。测试按钮具体的操作方法我们可以在气体继电器的测试按钮操作说明标牌上查看。

接地点的作用这里就不再赘述。

引线端子是气体继电器顶盖部件中最重要的部分，它决定了气体继电器最重要的功能，即信号和跳闸。通常情况下，当气体继电器的气体容积超过气体容积的整定值时，气体继电器就会发出信号，即信号动合触点闭合。当通过气体继电器的变压器油流速超过变压器流速整定值时，气体继电器就会发出跳闸信号，即跳闸动合触点闭合。一旦动合触点闭合，就会反映到变电站非电量保护装置中，发出轻瓦斯报警信号或者重瓦斯报警直接跳开变压器各侧开关，从而达到保护变压器的目的。

不同规格的气体继电器的引线端子也不同，以 QJ-50 型号的气体继电器为例，它的引线端子分成以下几类。单信号、带公共点双跳闸接线图（见图 2-4），单信号、双独立跳闸接线图（见图 2-5），带公共点双信号、带公共点双跳闸接线图（见图 2-6），双独立信号、双独立跳闸接线图（见图 2-7）。在实际的应用中，我们需要根据变压器非电量保护的要求选取不同规格引线端子的气体继电器。例如当我们不只需要一副信号触点，并且两副信号触点需要连到两个不同的电路中时，就需要选取最后一种双独立信号、双独立跳闸触点的气体继电器。

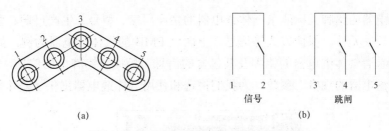

图 2-4 单信号、带公共点双跳闸接线图
（a）接线端子位置图；（b）接线原理图

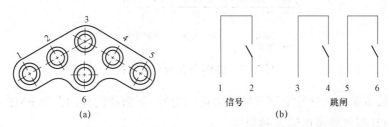

图 2-5 单信号、双独立跳闸接线图
（a）接线端子位置图；（b）接线原理图

电缆螺旋固定接头是连接电缆至接线盒内的接口。

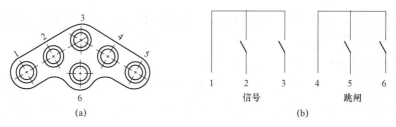

图 2-6 带公共点双信号、带公共点双跳闸接线图

（a）接线端子位置图；（b）接线原理图

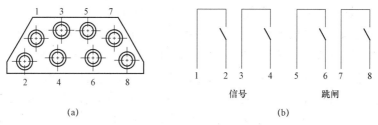

图 2-7 双独立信号、双独立跳闸接线图

（a）接线端子位置图；（b）接线原理图

三、铭牌

气体继电器的铭牌上标注了气体继电器的生产厂家、型号、生产日期、型号标识码、出厂编号、开关元件、保护方式等信息。下面以 EMB 的气体继电器为例，如图 2-8 所示。我们来看看气体继电器的铭牌及其包含的信息，搞懂了铭牌上的信息，就可以初步了解该气体继电器的规格、参数，为我们挑选和使用气体继电器提供了基本知识。

图 2-8 EMB 气体继电器铭牌

铭牌上最重要的信息就是该气体继电器的型号，下面我们分别介绍 EMB 气体继电器和沈阳四兴 QJ 型气体继电器铭牌型号。

EMB 其气体继电器的型号如图 2-8 所示，该铭牌型号为 26（BF 80/10/8），其中 26 表示工厂内部对该型号气体继电器的标号，表示 26 型的气体继电器，BF 代表法兰盘连接的双浮子气体继电器。其他如 AG 表示螺纹连接的单浮子气体继电器，AF 表示法兰盘连接的单浮子气体继电器，BG 螺纹连接的双浮子气体继电器。此外还有 NF 型、BS 型的气体继电器，这类气体继电器为适配法国和英国变压器尺寸的气体继电器。型号中的80/10/8主要关注第一个数字80，这个参数就代表了气体继电器的管路通径，是我们选择气体继电器最重要的一个参数。后面的10/8代表了其他尺寸上的参数，只需要稍作了解即可。

EMB气体继电器除了型号，还有型号标识码，代表了该型号气体继电器的具体参数，如图2-9所示。

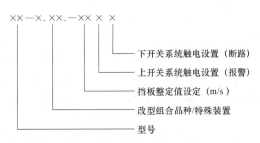

图2-9　EMB气体继电器型号标识码

EMB气体继电器型号标识码中，改型组合品种和特殊装置表示配置的电缆螺旋固定头个数，是否额外配置螺堵或丝堵，外壳颜色，耐气候的配置（包括用于室外-40℃以下极冷气候条件的气候配置，用于海洋性气候的气候配置，用于腐蚀性工业环境的气候配置），绝缘液体的选择（硅油或酯基绝缘油），外壳设置以及其他特殊装置的配置。其他特殊装置我们会在下文气体继电器的分类中详细介绍。

挡板整定值根据型号不同有不同的流速整定值，常见的有 1.00±15%m/s，1.50±15%m/s，也有其他流速整定值用于特殊用途。

上开关系统触电设置（报警）和下开关系统触电设置（断路）的数字表示了动合触点和动断触点数量的代码，用户可以根据自己的需求选择合适的气体继电器。

沈阳四兴QJ型气体继电器铭牌型号如图2-10所示。

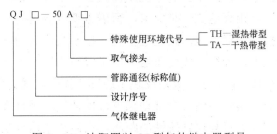

图2-10　沈阳四兴QJ型气体继电器型号

其中QJ为气体继电器的拼音首字母简写，代表该产品为气体继电器。后面的标号代表了气体继电器的设计序号，一般为厂家方便分类而标注。50也代表了气体继电器的管路通径，同样是我们最需要关注的参数。A代表了取气接头的型号，一般气体继电器的气体会通向一个安装在变压器侧面的集气盒，方便我们从集气盒中取得气体继电器中的气体，从而对气体成分进行分析。通过对气体成分的分析我们就可以知道变压器内部发生故障与否，如果发生故障，该故障是怎样的类型，不管是发热还是局部放电都可以做出初步的判断，为我们侦明变压器的故障提供判据。而气体接头的型号就表示我们应该采购何种型号的取气接头。最后一个为特殊使用环境代号。一般有 TH 和 TA 两张，其中 TH 表示该气体继电器可以在湿热带的环境中使用，TA 表示该气体继电器可以在干热带的环境中使用。

其他铭牌上的参数可以在选购气体继电器时选择符合自己要求的气体继电器。

四、内芯

气体继电器的内芯是气体继电器的工作部分，内芯的结构和动作方式是我们主要需要了解的部分。下面我们就以 EMB 双浮子气体继电器和沈阳四兴 QJ 型气体继电器为例，详细介绍气体继电器内芯的组成部件，各个部件发挥的作用以及气体继电器的动作原理。

（一）EMB 双浮子气体继电器

EMB 双浮子气体继电器安装在变压器的储油柜和油箱之间的管道上，当变压器内部故障时会使油分解产生气体或造成油流涌动，进而使气体继电器的触点动作，接通指定的控制回路，并及时发出信号报警（轻瓦斯报警）或启动保护元件自动切除变压器（重瓦斯报警）。

那 EMB 双浮子气体继电器是如何使触点动作，接通指定的控制回路，并及时发出信号报警（轻瓦斯报警）或启动保护元件自动切除变压器（重瓦斯报警）的呢？这就需要研究气体继电器的内部结构。

如图 2-11 所示为 EMB 双浮子气体继电器内芯，它由上浮子、下浮子、上浮子恒磁磁铁、下浮子恒磁磁铁、上开关系统的一个或两个磁开关管、下开关系统的一个或两个磁开关管、框架、测试机械和挡板构成。上下浮子是利用浮力的原理工作的，即当气体继电器气体增多、油面下降，浮子就会下沉从而改变上下开关系统的磁开关管与上下浮子恒磁磁铁的距离，一旦距离达到一个定值，恒磁磁铁就会将开关系统的磁开关管的两片干簧片吸合，从而接通回路，该回路通过接线连接至接线盒内部的接线柱，再通过电缆连到变压器的保护柜上，最终完成变压器非电量保护出口。上下浮子反映的是气体继电器中的气体增多或油量下降，而挡板则反映了通过气体继电器的变压器油流速的大小。当变压器油流过气体继电器时，油流会推动挡板，使挡板与垂直方向呈现一定的角度，同样改变开关系统的磁开关管与恒磁磁铁的距离，当该角度达到某个定值时，恒磁磁铁就会将开关系统的磁开关管的两片干簧片吸合，从而接通回路。

下面介绍 EMB 双浮子气体继电器的工作原理。当变压器内部出现故障时，气体继电器将会做出如下反应：

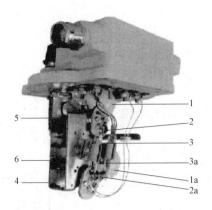

图 2-11　EMB 双浮子气体继电器内芯

1—上浮子；1a—下浮子；2—上浮子恒磁铁；2a—下浮子恒磁铁；3—上开关系统的一个或两个磁开关管；
3a—下开关系统的一个或两个磁开关管；4—框架；5—测试机械；6—挡板

1. 轻瓦斯气体的累积

故障表现：在绝缘液中存在未溶解的气体，如图 2-12 所示。

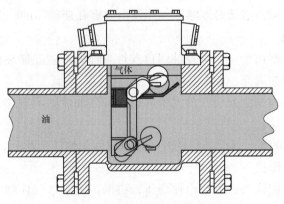

图 2-12　轻瓦斯气体的累积

反应：气体在液体中上升，逐渐聚集在气体继电器内并挤压绝缘液面。随着液面的下降，上浮子也一同下降。

动作：通过浮子的运动，将启动一个开关触点（磁触点式干簧管），由此发出报警信号。但下浮子不受影响，因为达到一定的气体量后一部分可以通过管道向储油柜流出。

气体继电器针对轻瓦斯气体的累积而发出报警信号，表明该气体继电器能够对产生轻瓦斯气体的变压器故障做出反应，这就是双浮子气体继电器轻瓦斯动作的基本原理。

2. 绝缘油的油位降低

故障表现：由于变压器渗漏而造成绝缘油流失从而导致绝缘油液面下降，如图 2-13 所示。

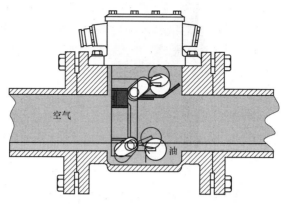

图 2-13 绝缘油的油位降低

反应：随着液体水平面的下降，上浮子也同时下沉，此时发出报警信号。当液体继续流失，那么储油柜、管道和气体继电器被排空，随着液面的下降，下浮子下沉。

动作：通过浮子的运动，启动一个开关触点，由此变压器跳闸。

气体继电器针对绝缘油的油位降低而使变压器跳闸，表明该气体继电器能够对变压器的渗漏故障做出反应，这就是双浮子气体继电器重瓦斯动作的一个原因。

3. 绝缘油的流动

故障表现：变压器由于一个突发性或自发性事件而产生向储油柜方向运动的压力油流，该油流达到一定的流速，如图 2-14 所示。

反应：压力油流冲击到安装在液流中的挡板，当油流的流速超过挡板的动作值时，挡板顺油流的方向运动。

动作：通过挡板的这一运动，启动开关触点，由此变压器跳闸。当压力油流消退后，下开关系统就会回复原位。

气体继电器针对绝缘油的流动而使变压器跳闸，表明该气体继电器能够对变压器的重大放电故障做出反应，这就是双浮子气体继电器重瓦斯动作的另一个原因。

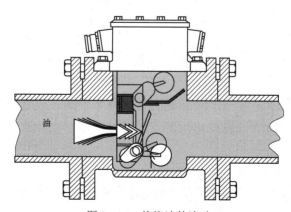

图 2-14 绝缘油的流动

综上所述，EMB 双浮子气体继电器可以针对变压器内部因不同故障产生的轻瓦斯气体累积、绝缘油液面降低或绝缘油的涌流做出报警信号或作用于变压器跳闸，说明该气体继电器拥有完善的轻瓦斯动作和重瓦斯动作能力，从而保护变压器的安全运行。

（二）沈阳四兴 QJ 型气体继电器

沈阳四兴 QJ 型气体继电器内芯结构为开口杯式和挡板式，如图 2-15 所示。继电器芯子上部由开口杯、重锤、磁铁和干簧触点构成动作于信号的气体容积装置。其下部由挡板、弹簧、调节杆、磁铁和两个干簧触点构成动作于跳闸的流速装置。其盖上的气塞是供安装时排气以及运行中抽取故障气体之用。探针是供检查跳闸机构的灵活性和可靠性之用。

继电器正常运行时其内部充满变压器油，开口杯处于图 2-15 所示的上倾位置。当变压器内部出现轻微故障时，变压器油由于分解而产生的气体积聚在继电器上部的气室内，迫使其油面下降，开口杯随之下降到某一限定位置其上的磁铁使干簧触点吸合，接通信号回路，发出报警信号。若变压器因油箱漏油而使油面下降同样动作于信号回路，发出报警信号。当变压器内部发生严重故障时，油箱内压力瞬时升高，将会出现油的涌浪，使油流急剧流向储油柜冲动挡板，当挡板旋转到某一限定位置时，其上的磁铁使两个干簧触点吸合，接通跳闸回路切断变压器电源，从而起到保护变压器的作用。

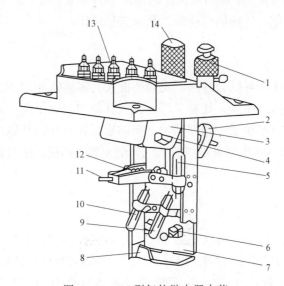

图 2-15　QJ 型气体继电器内芯

1—气塞；2—重锤；3—开口杯；4—磁铁；5—干簧触点；6—磁铁；7—挡板；8—止挡螺钉；
9、10—干簧触点；11—调节杆；12—弹簧；13—接线柱；14—探针

QJ 型气体继电器与 EMB 双浮子气体继电器一样，也可以针对变压器内部因不同故障产生的轻瓦斯气体累积、绝缘油液面降低或绝缘油的涌流做出报警信号或作用于变压器跳闸，从而保护变压器的安全运行。

自此，已经详细地了解了气体继电器的型号说明、基本结构、各零部件的功能以及气体继电器轻瓦斯动作和重瓦斯动作的基本原理。这为接下来气体继电器的选择、气体继电器的校验、气体继电器的安装与调试、气体继电器典型故障辨析以及气体继电器运维奠定了基础。

第二节　气体继电器基本分类

学习了气体继电器的基本结构，下面我们来谈谈气体继电器的分类。

一、气体继电器的基本分类

（一）型号

气体继电器根据型号的不同，可以分为 EMB 气体继电器、QJ 型气体继电器和 MR 气体继电器。这三种气体继电器由三个不同的厂家生产，因此型号不同的同时，结构特点、工作原理等方面也不尽相同。上文已经为大家详细介绍了 EMB 气体继电器和 QJ 型气体继电器的型号特点和结构功能。MR 型气体继电器主要安装于有载分接开关上。当有载分接开关内部发生故障放电并产生快速甚至强烈的分解气体，由此产生的气体引起气流冲向储油柜的强力涌流，强力涌流冲向油路中的挡板。如果流速超过挡板的整定值，挡板即向油流方向翻倒，致使触点动作，跳闸信号动作。

（二）原理

根据作用原理的不同可以分为浮子式和挡板式气体继电器。上文介绍的 EMB 气体继电器就是双浮子式气体继电器，还有单浮子式气体继电器，单浮子式气体继电器相较于双浮子式气体继电器，缺少了变压器油位下降的重瓦斯动作，其他功能和双浮子式气体继电器相同。QJ 型气体继电器就是挡板式气体继电器，挡板式的气体继电器比浮子式气体继电器更为可靠。

（三）管路通径

根据管路通径大小的不同可以分为 25、50、80mm 三种，根据变压器容量大小的不同选择适当管路通径的气体继电器。EMB 双浮子气体继电器的管路通径选择原则为，变压器容量≤5000kVA 时选择 25mm 管路通径的气体继电器，变压器容量为 5000～10 000kVA（含 10 000kVA）时选择 50mm 管路通径的气体继电器，变压器容量＞10 000kVA 时选择 80mm 管路通径的气体继电器。QJ 型气体继电器的选择标准一般为 8000kVA 及以上选用 80mm 的气体继电器，6300kVA 及以下选用 50mm 的气体继电器，25mm 的气体继电器一般只用在有载开关上。

根据连接方式又可以分为法兰盘连接和螺纹连接的气体继电器。

二、气体继电器的其他分类

气体继电器基本上可以根据不同的分类方法分为以上几类。随着科技的进步和时代的发展，气体继电器已经不满足与上文所述的基本功能，厂家为了满足用户的需求开发了更多拥有附加功能的气体继电器。

（一）具有"双级式瓦斯报警"系统的气体继电器

具有双级式瓦斯报警系统的气体继电器，当瓦斯气体积为 $100\sim200cm^3$ 时发出第一次报警信号，当瓦斯气体积为 $250\sim300cm^3$ 时发出第二次报警信号。借助这一特殊配置，使得变压器使用者能尽早明确得知瓦斯气体聚积的情况，从瓦斯气体聚积的速度可以更准确地判断变压器内部的故障。

（二）具有"挡板保持动作位置"功能的气体继电器

具有"挡板保持动作位置"功能的气体继电器的结构是：当挡板由于出现不允许的过高绝缘油流速而动作后，就会被锁定在这个位置。因此，即使流速衰减，挡板仍保持该位置。而且被触发的信号也将一直接通。对挡板的解锁必须采用手动逆时针方向旋转测试按钮来完成。在解锁挡板的同时，应再次检查气体继电器内绝缘油液面高度。若有必要，应对气体继电器进行排气。

该"挡板保持动作位置"功能的作用可以为我们记录变压器发生的油流速度过快的故障，能够持续发出信号，防止以为故障时间过短而被忽略，提高了我们对变压器故障的发现率。

（三）带有附加的压缩空气连接口的气体继电器

当气体继电器带有附加的压缩空气连接口时，除了可以利用测试按钮对两个开关系统的功能检测，以及使用检测充气筒放气阀充气进行上开关系统（报警）功能检查的可能性之外，还可采用向装有单向止回阀的压缩空气连接口输入压缩空气的方法，进行对开关系统气动式功能检验。检验是在气体继电器全部充满绝缘液之后施行的。

使用压缩空气对上开关系统（报警）进行气动式功能检查：压缩空气通过压缩空气嘴和输送管缓慢向气体继电器内输入，直到上浮子下降至报警功能启动。

使用压缩空气对下开关系统（断路）进行气动式功能检查：压缩空气通过压缩空气嘴和输送管猛然喷向挡板，通过挡板的动作，启动断路功能。

在使用压缩空气法检验之后，须将气体继电器内的压缩空气通过放气阀排放出。

带有附加的压缩空气连接口的气体继电器让我们可以多一种方法进行气体继电器的校验，大大增加了校验的可靠性。

（四）带电容测量探头的气体继电器

带电容测量探头的气体继电器又附加安装了一个电容测量探头，此探头安装在气体继电器顶盖上。测量设备的电子放大器与接线盒盖板组为一体，探头和放大器通过一根屏蔽式三线技术电缆线采用插座方式连接在一起的。借助这一缆线提供电源电压和传递输出信号。该气体继电器安装尺寸没有任何改变。因此在已有的设备中也可安装带有模拟（信号）装置的气体继电器。

众所周知标准的气体继电器是采集绝缘油中未溶解的气体，当气体体积超出预先给定的阈值时就会对其存在发出信号。也就是说，在气体体积未达到一定数值前，设备不会触发报警信号，而且它也无法表现出产生瓦斯累积的时间过程。

而绝缘油中未溶解气体累积产生的时序恰恰是故障判断的一个重要准则，因为故障瓦斯的数量和成分取决于故障原因的类型和能量大小。急剧性的高能量故障在短时间内会产生大量瓦斯，而较小的潜滋暗长的故障则仅产生少量瓦斯。

带电容测量探头的气体继电器通过持续不断的瓦斯体积模拟测量，及早发现聚集在继电器内的瓦斯并获取瓦斯发展过程的信息，从而为及早对故障做出判断奠定了基础。

带电容测量探头的气体继电器的附加功能通过一个配备相应电子元件的电容探头来实现。该组件的电源电压为直流 24V，用户须提供该电压。测量装置的输出信号为直流 4～20mA 的标准电流信号。如何处理或采用何种形式加工处理信号则由用户自己决定。

带电容测量探头的气体继电器是根据气体继电器中绝缘油液面的改变引起测量探头的电容量发生变化，根据这一点得出测量数据。

气体体积的模拟测量适用于 50～300cm³ 间的体积。对于更少的气体体积则会由于误差过大而无法明确地测定，而超出此范围以上的体积则会由于上开关系统的动作而没有必要测量，更何况由于受到气体继电器结构的局限也无法进行测量（较大容积的气体量将会涌向储油柜）。上开关系统（上浮子）的开关点在气体体积达 200～300cm³ 时。

故障：在绝缘液中存在未溶解气体。

反应：气体在液体中上升，逐渐聚集在气体继电器内并挤压绝缘液液面，因此，绝缘液液面下降。随着液面位置的变化，测量探头的电容量也会发生变化，这种变化被转换成模拟电流信号。

需要注意的是，由于结构原因，探头的电流数值在气体体积达约 50cm³ 前一直保持相对稳定。只有当电流信号变小而计算得出的体积可识别地变大时，函数方程式所提供的才是实际体积值。

第三节　对现有气体继电器技术分析及改进措施

一、重视速动油压继电器的保护作用

当变压器本体达到或者超过整定的压力值时，速动油压继电器的反应速度灵敏，压力会迅速上升，可以保护变压器不受损坏。高电压、大容量的变压器加装本装置其保护效果加强。但由于其设置复杂、成本高、销售困难，市面上的生产厂家还没有以此装置来取代气体继电器。

二、对有载调压开关的气体继电器的设置

这种继电器由于其装置的复杂性，在设置时应该严格遵守国家标准和行业标准。无论是哪种继电器，其保护装置都应该反映压力和油层的冲击情况，如果将来油流控制继电器可以代替气体继电器，油流控制继电器也应该具备油流冲击动作的功能，轻瓦斯保护功能就可以不用保留。这样做不仅可以对有载调压开关进行可靠保护，还可以减少轻瓦斯动作的工作量。

三、对 QJ 系列气体继电器的改进

（1）在弹簧外增加一根套管，将弹簧套入套管内，通过管壁限制弹簧的抖动幅度；

（2）在卡子和干簧管之间增加橡胶套，使卡子和干簧管之间存在软性连接，增加摩擦力并能防止金属坚硬部位因振动原因造成干簧管破损；

（3）改螺钉连接为铆接，避免因螺钉松动等原因使干簧管发生位移。

四、针对 QJ4G-25 继电器的改进

在对多次事故教训进行总结与仔细分析研讨之后，对 QJ4G-25 继电器做了如下改进：

（1）继电器的支架高度应该控制在 70~90mm；

（2）应该采用双触点的串联结构，干簧触点引线距离≥4mm；

（3）取消轻瓦斯的相应触点和开口杯装置；

（4）干簧触点应该用双螺钉固定在支架上，并将缓冲层装在固定环内；

（5）干簧层应该选择质量可靠，品质有保证，最重要的触点处要镀银干簧层。

五、有载调压开关重瓦斯是否投跳闸的判断

对其的决定应该依据具体情况具体分析。如未做改进的气体继电器发生误动的概率很大，就可以暂投信号。将装有有载调压开关的气体继电器进行改良后的新产品，其瓦斯保护就可以投跳闸。

六、对不同变压器的处理

220kV 及以上变压器应该加装有双触点的气体继电器；66kV 及以下的变压器应该加装逐步采用双触点的气体继电器；装有有载调压开关的气体继电器全部取消轻瓦斯回路。

第四节　未来气体继电器的发展趋势

电力变压器是电力系统中主要电气设备之一，其可靠运行直接关系到电网的安全，气体继电器是保证变压器安全稳定运行的重要辅助设备，是主要的非电量保护。如果气体继电器出现意外会导致变压器跳闸，引起不必要的损失。因此如何做好气体继电器的

运行维护、技术改造、提高工作效率是未来发展气体继电器工作的中心议题。

首先在工作上应该严格规范各个阶层的工作人员。企业员工在上岗之前应该接受严格培训，要求员工能够熟练完成故障检修、清扫等工作。故障修检人员更应该提高其工作技能水平，加强理论知识的学习，用最短的时间正确判断故障，从而提高修检效率。现今我国的科技发展迅速，到目前为止，继电保护已经经历了晶体管阶段、集成电路阶段，目前我国正在经历微机阶段。虽然技术人员少、技术革新速度慢等问题一直制约着我国继电保护的发展，但是近十几年来，国内外将 AI 技术用于电力系统的研究已有不少，并取得了有成效的成果，并且部分成果已在实际中得到了应用。因此，中国未来气体继电器的发展趋势应该是：发展应用人工智能 AI、保证气体继电器技术革新。

 思考题

一、气体继电器的作用及工作原理是什么？

答： 变压器气体继电器位于储油柜与箱盖的连管之间，当变压器内部发生故障，如绝缘击穿、匝间短路、铁芯事故等，由于电弧热量使绝缘油体积膨胀，大量气化，产生大量气体，油气流冲向储油柜，流动的气流油流使继电器动作；或油箱漏油使油面降低，接通信号或跳闸回路，保护变压器不再扩大损失。气体继电器目前有二种，一是浮子式气体继电器老式，目前大部分变压器还在使用，一是挡板式气体继电器。

浮子式气体继电器。气体继电器（也称瓦斯继电器）容器的两端有法兰，法兰一边通过管道与变压器的箱盖接通，法兰另一边一般还经过一只蝶形阀后用管道与储油柜相接通。在容器的上部和下部各有一个带水银触点的玻璃泡（即浮子），在正常运行时，气体继电器整个容器内是充满着油的，所以上触点保持为水平状态，下触点玻璃泡是在垂直状态。它们的水银触点都处于断开状态。两副水银触点均用软导线引向顶盖上面的接线板，以便与外部的控制电缆相连接。当变压器内部有不正常的气体产生时，如当变压器任何一部分因过热而使绝缘损坏产生某些气体分解物。气体首先蓄积在变压器箱壳的顶部，然后沿着管道流向气体继电器，由于气体发生得比较缓慢，所以气体开始聚积在容器上部，从而迫使容器内的油面逐渐降低，上玻璃泡也就随之渐渐下降，当下降到一定位置（气体约积聚到 300mL），上玻璃泡内的水银触点即闭合，接通信号回路，发出信号，使值班人员得知变压器内有异常情况发生。当变压器内部发生严重故障，突然产生大量的气体时，强烈的油流便会急促地涌向气体继电器，冲向挡板。它的水银触点接通变压器电源断路器的跳闸回路，将故障的变压器从系统中切除，气体继电器的侧面有玻璃视察窗，上面还刻有表示气体容积的刻度。有少量气体聚积时，可以从视察窗内观察到。同时还可以看到颜色，以便大概了解气体是由何处发生的。

挡板式气体继电器正常运行时，开口杯在上方，磁铁远离干簧触点，电路不接通、变压器内部发生轻微故障而产生气泡聚积在继电器上部，油面下降到一定阶段时，开口杯下降到使磁铁靠近，干簧触点接通发出信号。正常的油流，挡板不会大幅转动。当变

压器内部发生严重故障时急促的油流，使挡板向上翘起，磁铁便也跟着向上翘起，当磁铁位置接触便吸动干簧触点使其闭合，接通了变压器电源的跳闸回路，使变压器从系统中切除，使变压器不再受到更大损坏。

二、气体继电器顶盖上的箭头代表什么方向？

答：在气体继电器的外壳上，一般都铸有个箭头，表示气体或油流动时应遵循的方向。在新设备安装或变压器检修后，组装时必须注意符合此箭头的方向，不可装错。

三、气体继电器是如何做到防水的？

答：气体继电器外部由壳体、上盖、跳闸试验按钮、放气阀、接线盒等组成。标准型外壳为铸铁，特殊型为铸铝，均有防水、密封功能。接线盒内设有排水孔，外部二次电缆接线应从其下部进入，以防止雨水从二次电缆上进入气体继电器而降低接线端子的绝缘。同理，电力变压器的反事故措施中给气体继电器带一只防雨帽的方法，可防止水从二次电缆上进入接线盒。

第三章

气体继电器的校验

瓦斯保护是油浸式变压器的主保护之一，对于油箱内的多相短路、绕组匝间短路、绕组与铁芯或外壳间的短路、铁芯故障、油面下降或漏油、分接开关接触不良或导线焊接不良等故障都能准确动作，保护变压器和整个电网的运行安全。

但在实际运行当中，气体继电器的校验还没有引起足够的重视，甚至存在因密封不严引起渗油且得不到及时处理，甚至存在气体继电器不能正确动作而造成因变压器内部故障扩大的后果。因此，气体继电器在安装前、变压器例行检修时进行校验，以保证在内部故障时准确动作，将故障设备从系统中切除。

第一节　气体继电器校验的必要性

变压器内部故障的主保护是瓦斯保护，它能瞬间切除故障设备，但气体继电器的灵敏度却取决于整定值。当重瓦斯整定值偏小时，变压器油的正常流动极易使继电器产生误动作，给电网的正常运行带来严重影响；重瓦斯整定值偏大时，气体继电器不能有效地起到保护作用，导致故障不能被及时发现，甚至事故会进一步扩大。另外，气体继电器还会出现诸如触点接触不良、干簧管破裂、漏油等现象而造成瓦斯继电器保护功能失效。

新气体继电器在安装前需要进行校验和整定，由于气体继电器出厂时不是根据所配装设备的要求进行整定，为一固定值，继电器本体是合格的，但仍需在安装前进行检验以保证继电器能够可靠动作。另外，对于相同口径的气体继电器安装在不同容量、不同冷却方式的变压器上时，其重瓦斯参数是不同的。新气体继电器在安装时，需要针对变压器容量并根据规程来对继电器进行调校、整定。气体继电器在安装前需要进行状态确认，及时发现运输过程中出现的问题，如干簧管破裂、密封性能降低等。

变压器检修时，气体继电器需要进行校验和整定。如果瓦斯继电器长期不动作，可能产生触点接触不良、整定值发生变化；同时，随着气体继电器运行年限的增加，其元件产生老化、损坏的可能性增大，如密封不良、干簧管破裂等。

综上所述，开展气体继电器校验工作是非常重要和必要的，这不仅关系到设备故障的及时发现和处理，更重要的是它能够及时切断故障设备，有效避免事故的进一步扩大，减小事故范围和重大损失。根据运行经验，每年至少进行一次用瓦斯保护装置进行断路器跳闸试验，特别要考虑到直流系统电压突然降低情况下的低电压跳闸试验。对气体继电器每年进行一次部分检验，每 3～5 年进行一次全部检验，考虑到各运行单位多数不具备全部检验的条件，应该备用 1～2 只经检验合格的气体继电器，进行替换。只有这样，才能保证变压器主保护之一的瓦斯保护起到应有的作用。

第二节　气体继电器校验的要求

1994 年 4 月 11 日，由国家电力部批准 DL/T 540—1994《QJ－25、QJ－50、QJ－80 型气体继电器检验规程》中的主要内容在于继电器特性试验，包括密封性能试验、动作于信号的容积整定和动作于跳闸的流速整定三项试验内容。此外，1999 年中华人民共和国机械行业标准 JB/T 9647—1999《气体继电器》中也对气体继电器三项试验的动作标准做了相关规定。

目前，我国已将气体继电器校验作为一项常规的周期性检修工作，国家电网有限公司也相继出台了相关要求及校验规程，对此工作已做了明确、详细的要求和规定。如《国家电网有限公司十八项电网重大反事故措施（2018 年修订版）及编制说明》《油浸式变压器（电抗器）检修规范》、DL/T 540—2013《气体继电器校验规程》等，气体继电器的校验工作已成为预防性试验和周期性检修考核的一项重要指标。

《国家电网有限公司十八项电网重大反事故措施（2018 年修订版）及编制说明》中：新安装的瓦斯继电器必须经校验合格后方可使用。瓦斯保护投运前必须对信号跳闸回路进行保护试验。瓦斯继电器应定期校验。当气体继电器发出轻瓦斯动作信号时，应立即检查气体继电器，及时取气样检验，以判明气体成分，同时取油样进行色谱分析，查明原因及时排除。

在《油浸式变压器（电抗器）检修规范》中对其检修有明确的要求，见表 3－1。

表 3－1　　　　大修中的试验（四）非电量保护装置的校验（第三十一条）

部位	检查部位	检查方法	质量要求
气体继电器	检查气体继电器的容器、玻璃窗、放气阀门、放油塞、接线端子盒、小套管等是否完整，接线端子及盖板上箭头标示是否清晰，各接合处是否漏油	目测	（1）气体继电器各部件应完整清洁； （2）接线端子机盖板上箭头标示应清晰正确； （3）各结合处应无渗漏； （4）重瓦斯动作标志应与实际相符合
浮子和挡板	检查浮子和挡板的机械转动部分是否灵活	用手按动	转动应正确灵活
试验	（1）动作校验	针筒注气和专用试验台	（1）气体：200～250mL 时应该正确动作； （2）流速：自冷式变压器 0.8～1.0m/s；强油循环变压器 1.0～1.2m/s；120MVA 以上变压器 1.2～1.3m/s
	（2）密封	油压	继电器内充满变压器油，在常温下加压 0.15MPa，持续 30min 应无渗漏
	（3）接线柱间绝缘电阻	2500V 绝缘电阻表或工频电压发生器	绝缘电阻大于 1MΩ，或 2000V，1min 应不击穿

续表

部位	检查部位	检查方法	质量要求
安装	（1）安装正确	目测和用尺测量	气体继电器的安装，应使箭头朝向储油柜，继电器的放气塞应低于储油柜最低油面50mm，并便于气体继电器的抽芯检查
	（2）传动试验	指示	（1）二次线采用耐油电缆，并防止漏水和受潮； （2）气体继电器的轻、重瓦斯保护动作正确

第三节　气体继电器校验的项目

气体继电器的现场检查，按照 DL/T 572—2010、DL/T 573—2010、DL/T 596—1996 的要求执行。气体继电器实验室的检验项目、检验条件、检验方法及规则如下。

一、气体继电器校验周期要求

（1）继电器安装前；

（2）检验周期一般不超过 5 年；

（3）结合变压器大修进行继电器检验；

（4）继电器误动、拒动、检修后等必要时。

定期的型式试验应至少每 5 年进行一次，按照产品批量取样件进行。若结构、工艺或材料发生变化而影响性能时，需做有关项目的型式试验。

二、继电器的检验项目

实际工作中，先要对所需检测的瓦斯继电器进行一般性检查和端子绝缘强度试验，两项检测合格后，进行密封性试验。排除气体继电器的内外部物理损害，并且避免后续工作的浪费。绝缘强度不足的气体继电器会在试验和实际生产中发生电气性误动或拒动，直接影响试验数据的准确性以及使变压器的动作判断失误。密封性检测不合格的直接表现为规定时间内耐受压力表数值的直线下降，并伴有漏油状况。此时，除了要检查气体继电器在试验台上的安装是否到位之外，还应监测干簧触点外的玻璃管是否有纹裂和渗油的情况。另外，在每进行一次轻瓦斯或重瓦斯的调节后，都应先进行密封性试验，确保组装后的气体继电器具有良好的密闭性以及干簧触点外的玻璃管没有被碰裂。检验项目见表 3-2。

表 3-2　　　　　　　　　检 验 项 目 一 览 表

检验项目	型式检验	安装前检验	例行检验
外观检查	√	√	√
绝缘电阻检查	√	√	√
耐压试验	√	√	√

检验项目	型式检验	安装前检验	例行检验
密封性	√	√	√
流速整定	√	√	√
气体容积整定	√	√	√
干簧接点导通试验	√	√	√
动作特性试验	√	√	
防水性能试验	√		
抗震能力	√		
反向油流试验	√		

注 表中"√"表示应检项目。

（一）外观检查

（1）继电器壳体表面光洁、无油漆脱落、无锈蚀、玻璃窗刻度清晰、出线端子应便于接线；螺钉无松动、放气阀和探针等应完好。

（2）铭牌应采用黄铜或者不锈钢材质，铭牌应包含厂家、型号、编号、参数等内容。

（3）继电器内部零件应完好，各螺钉应有弹簧垫圈并拧紧，固定支架牢固可靠，各焊缝处应焊接良好，无漏焊。

（4）放气阀、探针操作应灵活。

（5）开口杯转动应灵活。

（6）干簧管固定牢固，并有缓冲套，玻璃管应完好无漏油，根部引出线焊接可靠，引出硬柱不能弯曲并套软塑料管排列固定，永久磁铁在框架内固定牢固。

（7）挡板转动应灵活。干簧触点可动片面向永久磁铁并保持平行，尽可能调整两个触点同时断合。

检查动作于跳闸的干簧触点。转动挡板至干簧触点岗开始动作处，永久磁铁面距干簧点玻璃管面的间隙应保持在合理范围内。继续转动挡板到终止位置，干簧触点应可靠吸合，并保持其间隙在合理范围内，否则应进行调整。

（二）绝缘性能试验

应在室温下进行下列试验：

1. 在触点的引出端子间试验

先使触点处于分断状态并将其中一个端子接地，然后在端子间施加 2000V 工频电压，持续 1min，无辉光、闪络现象为合格。气体信号触点与油流速信号触点应分别进行试验。

2. 在信号接点间试验

先将每组触点的两个端子各自短接，并将其中一组接地，在两组端子之间施加 2000V

工频电压，持续 1min，无击穿、闪络现象为合格。

3. 触点端子对地试验

将两组端子全部短接后对地（机壳）之间施加 2000V 工频电源，持续 1min，无击穿、闪络现象为合格。

（1）密封性。对挡板式继电器密封检验，其方法是对继电器充满变压器油，在常温下加压至 0.2MPa、稳压 20min 后，检查放气阀、探针、干簧管、出线端子、壳体及各密封处，应无渗漏。

对空心浮子式继电器密封试验，其方法是对继电器内部抽真空处理，绝对压力不高于 133Pa，保持 5min。在维持真空状态下对继电器内部注满 20℃ 以上的变压器油，并加压至 0.2MPa，稳压 20min 后，检查放气阀、探针、干簧管、浮子、出线端子、壳体及各密封处，应无渗漏。

（2）瓦斯继电器动作可靠性试验。检查动作于跳闸的干簧触点动作可靠性转动挡板至干簧触点刚开始动作处，永久磁铁面距干簧触点玻璃管面的间隙应保持在 2.5～4.0mm。继续转动挡板到终止位置，干簧触点应可靠吸合，并保持其间隙在 0.5～1.0mm，否则应进行调整；检查动作于信号的干簧触点动作可靠性转动开口杯，自干簧触点刚开始动作处至动作终止位置，干簧触点应可靠吸合，并保持其滑行距离不小于 1.5mm，否则应进行调整。

（三）干簧触点试验

1. 干簧触点断开容量试验

只在更换干簧触点时进行本项试验。按图 3-1 所示，将干簧触点接入电路中，通过对继电器进行油流冲击使干簧管产生开断动作，重复试验 3 次，应能正常接通和断开。采用直流 110V 供电时，负载选用 30W 灯泡进行试验；采用直流 220V 供电时，负载选用 60W 灯泡进行试验。

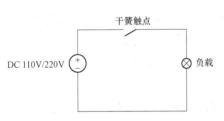

图 3-1 干簧触点断开容量试验接线图

2. 干簧触点接触电阻

在干簧触点断开容量试验后，其触点间的接触电阻应小于 0.15Ω。

（四）气体容积的整定试验

将声光信号装置接于轻瓦斯信号触点，将瓦斯继电器充满油，旋松放气阀降至零，旋松气体继电器顶部气塞，从玻璃窗观察油位下降情况，当轻瓦斯干簧触点刚好动作发出声光信号时，旋紧气塞并读取油位指示值，此值在 250～300mL 或符合厂家规定为合格，否则将气体继电器芯子取出重新调整重锤（见图 3-2）位置，重复上述操作直至合格为止。

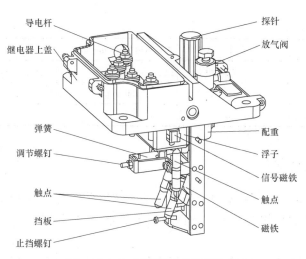

图 3-2 QJ 系列继电器机芯结构

（五）动作于跳闸的流速整定

继电器动作流速整定值以连接管内的流速为准，可根据变压器容量、电压等级、冷却方式、连接管径等不同参数按表 3-4 数值查得；流速整定值得上限和下限可根据变压器容量、系统短路容量、变压器绝缘及质量等具体情况决定。

将声光信号装置与重瓦斯跳闸触点连接，当流速表指针偏至设定的动作流速整定值时停止加压，读取与被试瓦斯继电器型式相同刻度线上指示值，搬动出口快速阀的锁片使其自动开启，迫使压力桶的油通过被试继电器迅速流入回油桶，这是采用试探法进行的第一次试验，如果继电器动作，则在原动作流速值减去 0.05m/s，再进行试验，即每次递减 0.05m/s，重复进行试验直至出现瓦斯继电器不动作时为止。此值在表 3-3 范围内为合格，如果第一次试验时瓦斯继电器不动作，则每次递加 0.05m/s，直至瓦斯继电器动作，如不符合应设定的整定值时可以调节调节杆，将被试瓦斯继电器重新调整检验直至合格为止，此时重复三次试验均动作时，即完成动作流速整定试验。

表 3-3　　　　　　　油 速 整 定 范 围

规格	QJ-80	QJ-50	QJ-25
油速整定范围（m/s）	0.7～1.5	0.6～1.2	0.8～1.2

表 3-4　　　　　　　不同容量变压器动作流速整定值表

变压器容量（kVA）	继电器型号	连接管内径 d（mm）	冷却方式	动作流速整定值（m/s）
1000 及以下	QJ-50	50	自然或风冷	0.7～0.8
1000～7500	QJ-50	50	自然或风冷	0.8～1.0
7500～10 000	QJ-80	80	自然或风冷	0.7～0.8
10 000 以上	QJ-80	80	自然或风冷	0.8～1.0
200 000 以下	QJ-80	80	强迫油循环	1.0～1.2

变压器容量（kVA）	继电器型号	连接管内径 d（mm）	冷却方式	动作流速整定值（m/s）
200 000 及以上	QJ－80	80	强迫油循环	1.2～1.3
500kV 变压器	QJ－80	80	强迫油循环	1.3～1.4
有载调压变压器（分接开关用）	QJ－25	25		1.0

（六）动作特性试验

在专用试验装置上，装好被试气体继电器，然后充以清洁的变压器油。在气体信号触点与油流速信号触点的端子上，各接以指示装置。将气塞旋开，放出继电器内部的空气。

当注入气体或放油，使积聚在继电器内的气体数量达到规定范围时，信号触点应稳定地发出信号。

按表 3–4 给定的每种规格继电器的最大油流速和最小油流速各测三次。每次试验，油流速报警信号触点均应可靠动作，指示装置应稳定地发出信号。取三次的平均值作为整定值，当标尺的油流速与整定值之差不大于±0.1m/s，且每次试验值与整定值之差不大于±0.05m/s 时，则认为合格。

（七）抗震性能

将继电器充以清洁的变压器油，在跳闸触点上接以指示装置，然后装在振动台上，做正弦波的振动试验，频率为 4～20Hz、加速度为 40m/s^2 时，在 X、Y、Z 轴三个方向各试 1min，气体信号触点和油流速信号触点不出现误动作为合格。

（八）反向油流试验

以继电器的最大油流速度，反向冲击 3 次。继电器内各部件应无变形、位移和损伤。然后进行流速值、气体容积值、绝缘电阻检查，其性能应仍能满足要求。

三、检验条件

检验设备要求包括以下内容。

（1）检验装置的测试管路与被测继电器口径一致。

（2）流速测试校验应采用油流式检验方式，推荐采用准确度等级不低于 2.0 级的检验装置；也可以采用流量计准确度等级不低于 1.0 等级，其他检验项目准确度等级不低于 2.0 级的检验装置，检验设备应符合有关标准，检验设备典型管路结构见附录 A。

（3）检验装置的流速检验范围为：ϕ25：0.6～4.0m/s；ϕ50：0.6～3.0m/s；ϕ80：0.6～2.0m/s。

（4）检验装置的容积检验范围：0～500mL。

（5）检验装置的密封性能试验参数：0.2MPa；20min。

（6）检验时油温在 25～40℃。

（7）其他特殊要求，用户可自行规定。

（8）检验装置中所用计量器具均应检定合格。

四、其他仪器和设备条件

（1）绝缘电阻表（俗称兆欧表）：输出电压为 1000V/2500V，最大输出电流≥1mA。

（2）耐压测试仪：频率为 50Hz，输出电压不低于 1000V。

（3）检验环境条件。

（4）环境温度：0～40℃；相对湿度：≤75%。

五、气体继电器检验流程

气体继电器的校验根据 DL/T 540—2013《气体继电器检验规程》，安装前的检验项目包括外观检查，绝缘电阻检查，耐压试验，密封性检查，流速整定，气体容积整定，干簧触点导通试验。下面对一组主变压器气体继电器和分接开关气体继电器进行检验。

（一）外观检查

首先观察继电器壳体，表面应光洁、无油漆脱落、玻璃窗刻度清晰、出线端子应便于接线；螺钉无松动、放气阀和探针完好，如图 3-3～图 3-8 所示。铭牌应采用黄铜或不锈钢材质，包含厂家、型号、编号、参数等内容。

图 3-3　放气阀　　　　　　　　图 3-4　玻璃窗刻度

然后拧开螺钉，将继电器内部取出，观察内部零件应完好，各螺钉应有弹簧垫圈并拧紧，固定支架牢固可靠，各焊缝处焊接良好，无漏焊。放气阀、探针操作灵活。

干簧管固定牢固，并有缓冲套，玻璃管应完好无渗油，根部引出线焊接可靠，引出硬柱不能弯曲并套软塑料管排列固定，永久磁铁在框架内固定牢固。

挡板转动灵活。干簧触点可动片面向永久磁铁并保持平行，尽可能调整两个触点同时断合。

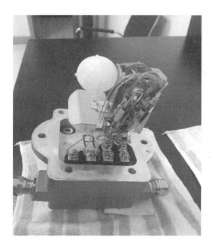
图 3-5 出线端子

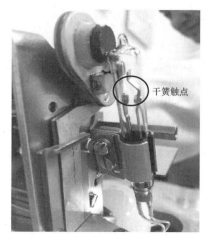
图 3-6 干簧触点

检查动作于跳闸的干簧触点。转动挡板至干簧触点刚开始动作处，永久磁铁面距干簧触点玻璃管面的间隙应保持在合理范围内。继续转动挡板到终点位置，干簧触点应可靠吸合，并保持间隙在合理范围内。

图 3-7 干簧触点可靠吸合

图 3-8 干簧触点吸合后效果图

如图所示，转动挡板到终点位置，干簧触点能可靠吸合，并保持间隙在合理范围内。

（二）绝缘电阻测量

根据 DL/T 540—2013《气体继电器检验规程》，干簧触点应用 1000V 绝缘电阻表测量绝缘电阻，其电阻值不应小于 300MΩ。

将气体继电器置于实验台上，充满油，此时信号端和跳闸端干簧触点为断开状态，可以测量干簧触点间的绝缘电阻，如图 3-9 所示。如图 3-10 所示测得一组跳闸端干簧触点间电阻为 113.9GΩ，符合要求。

图 3-9　测量干簧触点绝缘电阻

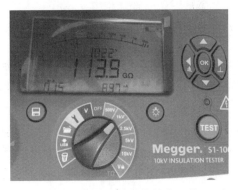
图 3-10　干簧触点间电阻值

缓慢放油，先把信号端连接到万用表，当放油到一定容积可以验证轻瓦斯动作，然后把跳闸端连接到万用表，当继电器中油少于一定容积，下浮子下降，重瓦斯动作，验证了当继电器中油少于一定量时，继电器会发出跳闸信号。

当油放空后，各干簧触点均吸合，此时可以测量干簧触点对地的绝缘电阻。

（三）耐压试验

出线端子对地及无电气联系的出线端子间，用工频电压 1000V 进行 1min 介质强度试验，或用 2500V 绝缘电阻表进行 1min 介质强度试验，无击穿、闪络。采用 2500V 绝缘电阻表在耐压试验前后测得绝缘电阻应不小于 10MΩ。

本次检验采用 2500V 绝缘电阻表进行 1min 介质强度试验，试验接线同绝缘电阻试验。

（四）密封性检查

密封性检查的方法是对继电器充满变压器油，在常温下加压至 0.2MPa，稳压 20min 后，检查放气阀、探针、干簧管、出线端子、壳体及各密封处应无渗漏。密封性检查的方法和结果分别如图 3-11 和图 3-12 所示。

图 3-11　密封性检查的方法

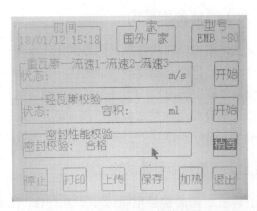
图 3-12　密封性检查结果

（五）流速整定

流速为有跳闸动作输出时测得的稳态流速值。流速试验应重复三次，继电器各次动作值的误差不大于±10%整定值，三次测量动作值之间的最大误差不超过整定值的10%。具体操作过程根据校验台的流程依次进行，即可测定流当测定的流速值超出整定值的10%，就要通过调节继电器来达到调节流速的目的。图3-13所示为本体继电器的调节螺钉，通过旋进或旋出改变力矩来改变推动挡板所需力的大小，从而起到调节流速的作用。图3-14所示为分接开关气体继电器的调节装置，通过改变弹簧的长短改变施加给挡板的力的大小，从而达到调节流速的目的。

图3-13　调节螺钉

图3-14　调节装置

（六）气体容积整定

将气体继电器充满油后，两段封闭，水平放置，打开放气阀，然后缓慢放油，直到由信号动作输出时，测量放出油的体积值，即为继电器气体容积动作值。具体操作过程根据校验台规定的流程依次进行，即可测定气体容积值。

当气体容积不在整定值的范围（通常为250～300mL）内时，可以调节图3-15、图3-16的螺钉来调节浮子在不同位置时磁铁与干簧管的距离，从而调节气体容积值。

（七）干簧触点导通试验

干簧触点间的接触电阻应小于0.15Ω。在干簧触点接通的情况下用双臂电桥分别测三组干簧触点间的接触电阻（见图 3-17），图 3-18 所示为测得电阻为 0.095Ω，符合要求。

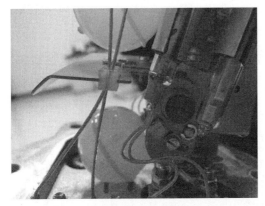

图 3-15　断开

图 3-16　吸合

图 3-17　测干簧触点接触电阻

图 3-18　干簧触点间的接触电阻值

第四节　气体继电器校验方法

一、气体继电器现场检验方法介绍

　　目前，国产瓦斯继电器绝大部分可调，不论是控制重瓦斯的弹簧还是控制轻瓦斯的重锤，均可依据弹簧杆一侧的刻度及重锤的杠杆原理进行整定。进口瓦斯中 MR、EMB 等类型的重瓦斯因国内通常订购只具备重瓦斯监测的继电器，所以只需整定重瓦斯动作值。值得一提的是，进口瓦斯的重瓦斯并不由弹簧的弹力控制，而是由挡板上的恒磁磁铁进行吸合。磁力的强弱不像弹簧的变化缓慢，往往开合时间短并很快转换，极不易调整。

（一）重瓦斯调节

向外旋转弹簧调节杆尾部的螺母，然后使弹簧自然收缩，当指针到达定值时，固定调节杆内部的圆片，继而固定尾部螺母，可减小重瓦斯流速定值。反之先松动圆片，拉出弹簧杆到达定值时固定尾部螺母，则增大重瓦斯流速定值。由于两个螺母的旋转方向相反，因而不必考虑运行中螺母松动引发的误差。国产重瓦斯在试验中可进行自动复归。

（二）轻瓦斯调节

依据杠杆原理，当重锤向调节杆末端移动时，重锤侧力臂增大，在重锤质量、开口杯内油量和开口杯侧力臂不变的情况下，开口杯侧合力即油的质量与浮力需增大，则浮力需减小即瓦斯继电器上方气体体积增大，轻瓦斯动作值增大。反之，重锤移向开口杯时，即为轻瓦斯动作值减小。进口重瓦斯继电器的调节。

（三）进口瓦斯调节

由于进口瓦斯继电器多数用于重瓦斯保护，因而只需考虑重瓦斯定值的整定。MR、EMB 等型号的重瓦斯继电器均采用恒磁磁铁控制挡板的开合。这里需要涉及磁力的问题，能够产生磁力的空间存在着磁场。磁场是一种特殊的物质。磁体周围存在磁场，磁体间的相互作用就是以磁场作为媒介的。磁场是在一定空间区域内连续分布的矢量场，描述磁场的基本物理量是磁感应强度矢量 B，磁通量是通过某一截面积的磁力线总数，用 Φ 表示，单位为韦伯（Wb）。通过一线圈的磁通的表达为：$\Phi=BS$（其中 B 为磁感应强度，S 为该线圈的面积）。

在调节此类继电器时，需要考虑磁铁间的相对面积。增大相对面积，则增强磁力，进而增大动作定值。部分进口继电器在磁铁侧有螺钉连接滑片，可进行磁力的变化，并且进口瓦斯继电器在出厂时已经固定恒磁磁铁的相对吸附面积即动作的灵敏值。大部分继电器不设可调元件，因而只能进行检定，而无法整定。进口重瓦斯继电器需要手动复归，每测试一次先复归后再进行第二次测试，否则无信号输出。

二、流速测量

（一）流速测量的基本方法

重瓦斯校验的重点在于变压器油流速度的测量，而作为流速测量的代表性仪器，有早期的毕托管，后来的热线热膜风速计，以及近期出现的激光流速计。这三种仪器代表了三种不同的测速原理，反映了科学技术发展的不同侧面。毕托管（Pitot Tube）是建立在一维管道理论基础上的，是通过测量压力来测量流速的，它反映了机械力学发展实际的技术状况。热线热膜流速计（HWA）是建立在热交换原理基础上的，它反映了热力学理论和电子技术的发展。激光流速计（LDV）是建立在激光多普勒频移原理基础上的，是通过测量频率来测量流动速度的，它反映了新技术迅猛发展的时代特点。毕托管和热线热膜风速计属于接触式测量工具，在测量的同时又会干扰和破坏流场，而激光流速计则为非接触式测量工具，它本身不会干扰破坏流场，因而特别适用于窄小流场、易变流场和有害流场的测量。

（二）油流法

气体继电器校验的重点及难点在于重瓦斯值的定量测试，油流法因科学性、准确性、可靠性高而被世界通用，在《气体继电器校验规程》第 4.3.3 条也做了校验说明：继电器动作流速整定值试验是在专用流速校验设备上进行的，以相同连接管内的稳态动作流速为准，重复试验三次，每次试验值与整定值之差不应大于 0.05m/s。

《气体继电器校验规程》要求继电器在校验时内部应充满油。无论从实际校验还是理论分析，气体校验方式都存在较大弊端。采用爆破性气流进行测试，无法准确测量出继电器在临界动作时的流速值，只能定性测试，不能定量校验，以 D80 瓦斯继电器为例，当安装在容量 200MVA 以上的变压器上时，其动作整定值应在 1.2～1.3m/s，当 D80 瓦斯继电器动作流速值为 0.7～0.8m/s 时，用气流校验法测试就会判定其合格，这就造成了误判，给变压器正常保护带来事故隐患。

气体继电器是否合格，其动作流速值是一重要考核项，不同容量变压器对其安装的气体继电器型号、流速值在校验规程中都有明确要求，如 1MVA 以下的，应安装 ϕ50 口径气体继电器，动作流速值应整定在 0.7～0.8m/s；200MVA 以上的，应安装 ϕ80 口径气体继电器，动作流速值应整定在 1.2～1.3m/s；若整定值偏小，主变压器冷却油泵的正常运转或其他正常油品流动就极易使继电器出现误动而跳闸，造成不必要的停电事故；若整定值偏大，如规定动作流速值为 0.7～0.8m/s，而实际值为 1.4m/s，当故障使油速达到 0.7m/s 时，气体继电器就能起到有效的保护作用，造成故障的进一步扩大，甚至转化为电力事故。

三、基于压电转换法的气体继电器校验

气体继电器的重瓦斯校验过程主要是校验继电器动作流速整定值，而流速整定是依据弹簧拉伸所产生的力矩大小来实现的。传统的气体继电器动作流速整定值的校验方法，采用的是油泵式气体继电器校验台，用油流去模拟变压器的内部故障。当校验台中油流速不断增大，油流冲击气体继电器挡板，使得弹簧发生形变。挡板偏转位置不断增大，弹簧所受到拉伸力不断增大，油流速达到动作流速整定值时气体继电器迅速动作。检测结束后，查看校验台油流速大小可以校验气体继电器动作的可靠性和灵敏性。

（一）动作流速整定值与弹簧拉力的关系

油泵式气体继电器校验台体积庞大，造价昂贵，校验程序烦琐，不具备现场校验的条件。为了实现气体继电器的现场校验，需要将油流速测量转换为弹簧拉力测量，再将拉力测量转换为电信号，进而实现压电转换法测量气体继电器校验的方法。分析气体继

电器动作流速值和弹簧拉伸力的关系。当气体继电器内油流恒定且均匀作用于挡板时，可用计算法求其动作流速计算值 v 与平衡力矩 M 之间的关系。

由图 3-19 可见，油流速 v 对挡板产生的动作力矩与弹簧拉伸力所产生的平衡力矩 M 应相等。

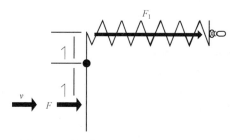

图 3-19　气体继电器校验压力示意图

$$M = Fl = PAl$$

$$= \frac{v^2}{2g} \gamma Al \qquad (3-1)$$

$$= \frac{1}{2} \rho A v^2 l$$

$$M_1 = F_1 l_1 \qquad (3-2)$$

$$\frac{1}{2} \rho A v^2 l = F_1 l_1 \qquad (3-3)$$

$$v = \sqrt{\frac{2F_1 l_1}{\rho Al}} \ (\text{cm} / \text{s}) \qquad (3-4)$$

$$= \sqrt{\frac{2F_1 l_1}{\rho Al \cdot 10^4}} \ (\text{m} / \text{s}) \qquad (3-5)$$

式中　M——油流速产生的动作力矩，g·cm；

　　　M_1——弹簧产生的平衡力矩，g·cm；

　　　F——油流速在挡板上产生的合力，g；

　　　l——F 着力点的力臂，cm；

　　　P——油流速在挡板上产生的动压力，g/cm²；

　　　A——挡板面积，cm²；

　　　γ——油的比重，g/cm³；

　　　ρ——油的密度，g/cm³；

　　　g——重力加速度，cm/s²；

　　　F_1——弹簧拉伸力，g；

　　　l_1——F_1 着力点的力臂，cm；

　　　v——气体继电器动作流速计算值，cm/s 或 m/s。

由式（3-1）～式（3-5）可以看出，流速 v 的校验可以转换成弹簧拉伸力 F_1 的校验。

（二）压电转换法的基本原理

为了能准确测量气体继电器动作时候施力的大小，需要测气体继电器挡板所受到的压力大小。压力传感器即由非电量（质量或重量）转换成电量的转换元件，它是把支承力变换成电的或其他形式的适合于计量求值的信号所用的一种辅助手段。因此，我们可以应用压力传感器，来测量弹簧所受到的力，这就是压电转换法的基本思路。

压力传感器的种类很多，根据工作原理来分常用的有：电阻应变式、电容式、压磁式、压电式、谐振式等。结合气体继电器现场校验的需求，我们选择电阻应变式压力传感器来分析力与电信号转换的基本原理。

电阻应变式压力传感器包括两个主要部分，一个是弹性敏感元件：利用它将被测的压力转换为弹性体的应变值；另一个是电阻应变计：它作为传感元件将弹性体的应变，同步地转换为电阻值的变化。电阻应变片所感受的机械应变量一般为 $10\varepsilon^{-6}\sim10\varepsilon^{-2}$，随之而产生的电阻变化率也在 $10\varepsilon^{-6}\sim10\varepsilon^{-2}$ 数量级之间。这样小的电阻变化用一般测量电阻的仪表很难测出，必须采用一定形式的测量电路将微小的电阻变化率转变成电压或电流的变化，才能用二次仪表显示出来。在电阻应变式压力传感器中通过桥式电路将电阻的变化转换为电压变化。电阻应变式压力传感器工作原理如图 3-20 所示。

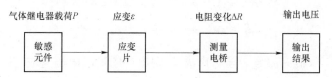

图 3-20 电阻应变式压力传感器工作原理框图

当传感器不受载荷时，弹性敏感元件不产生应变，粘贴在其上的应变片不发生变形，阻值不变，电桥平衡输出电压为零；当传感器受力时，即弹性敏感元件受载荷 P 时，应变片就会发生变形，阻值发生变化，电桥失去平衡，有输出电压。

如图 3-21 所示，R_1、R_2、R_3、R_4 为 4 个应变片电阻，组成了压电转换法的桥式测量电路，R_m 为温度补偿电阻，E 为激励电压，U 为输出电压。若不考虑 R_m，在应变片电阻变化以前，电桥的输出电压为

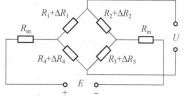

图 3-21 压电转换法的桥式测量电路

$$U=\left(\frac{R_1}{R_1+R_2}-\frac{R_4}{R_3+R_4}\right)E \qquad (3-6)$$

由于桥臂的起始电阻全等，即 $R_1=R_2=R_3=R_4=R$，所以 $U=0$。

当应变片的电阻 R_1、R_2、R_3、R_4 变成 $R+\Delta R_1$、$R+\Delta R_2$、$R+\Delta R_3$、$R+\Delta R_4$ 时，电桥的输出电压变为

$$U=\left(\frac{R+\Delta R_1}{R+\Delta R_1+R+\Delta R_2}-\frac{R+\Delta R_4}{R+\Delta R_3+R+\Delta R_4}\right)e \qquad (3-7)$$

通过化简，式（3-7）则变为

$$U=\frac{e}{4}\left(\frac{\Delta R_1}{R}-\frac{\Delta R_2}{R}+\frac{\Delta R_3}{R}-\frac{\Delta R_4}{R}\right) \qquad (3-8)$$

也就是说，电桥输出电压的变化与各臂电阻变化率的代数和成正比。

如果 4 个桥臂应变片的灵敏系数相同，且 $\frac{\Delta R}{R}=K\varepsilon$，则上式又可写成

$$U=\frac{eK}{4}(\varepsilon_1-\varepsilon_2+\varepsilon_3-\varepsilon_4) \qquad (3-9)$$

式中　K——应变片灵敏系数；

　　　ε——应变量。

上式表明，电桥的输出电压和 4 个轿臂的应变片所感受的应变量的代数和成正比。在电阻应变式压力传感器中，4 个应变片分别贴在弹性梁的 4 个敏感部位，传感器受力作用后发生变形。在力的作用下，R_1、R_3 被拉伸，阻值增大，ΔR_1、ΔR_3 正值，R_2、R_4 被压缩，阻值减小，ΔR_2、ΔR_4 为负值。再加之应变片阻值变化的绝对值相同，即

$$\Delta R_1=\Delta R_3=+\Delta R \text{ 或 } \varepsilon_1=\varepsilon_3=+\varepsilon \qquad (3-10)$$

$$\Delta R_2=\Delta R_4=-\Delta R \text{ 或 } \varepsilon_2=\varepsilon_4=-\varepsilon \qquad (3-11)$$

因此，$U=\dfrac{eK}{4}\times4\varepsilon=eK\varepsilon$。若考虑 R_m，则电桥的输出电压变成

$$U=\left(\frac{R+\Delta R}{2R}-\frac{R-\Delta R}{2R}\right)\left(\frac{R}{R+2R_m}\right)e \qquad (3-12)$$

$$=\frac{R}{R+2R_m}\frac{\Delta R}{R}e=\frac{R}{R+2R_m}K\varepsilon e \qquad (3-13)$$

令 $S_U=\dfrac{U}{e}$，则 $S_U=\dfrac{R}{R+2R_m}K\varepsilon$。$S_U$ 称为传感器系数或传感器输出灵敏度。

由此可见，对压力的测量，我们转换为电桥输出电压的测量，实现了将力与电信号的转化。

（三）基于压电转换法的气体继电器校验方法

基于压电转换法的气体继电器校验方法，将气体继电器的动作流速值转换为对其弹簧拉力的测量，进而将力转换为电信号的大小，实现电子化的快速测量。此方法简单、方便，利用集成的电子化元件，可以将压力传感器集成在便携式的智能化气体继电器校验装置，无须传统笨重的油泵式校验台，即可完成气体继电器的现场校验工作。如图 3-22

所示,将压力传感器安装在气体继电器的油流挡板上,通过摇柄对压力传感器施加缓慢匀速的拉力,使得压力传感器与挡板缓慢偏转。压力传感器与智能控制单元相连,实时计算不同压力下对应的气体继电器油流速。当拉力增大到一定值时,挡板偏转达到定制设定值,气体继电器动作,此时智能控制单元显示压力传感器此时对应的气体继电器油流速大小,从而实现了基于压电转换法的气体继电器动作流速值得定值校验。

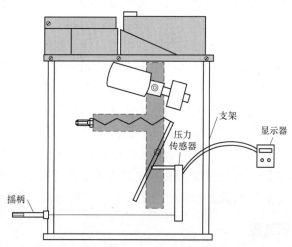

图 3-22 压电转化法气体继电器现场校验方法示意图

(四)各种检测方法比较

国内大部分气体继电器重瓦斯检测方法,主要是通过对比数据库修正的形式来完成检测。此方法存在仅对原始数据库采集时所使用的气体继电器特性采样的定量,当此对应数据应用到实际检测装置中时,可能因装置本身存在的不一致性,或被检对象与采集数据库时所使用的气体继电器内部特性发生改变导致检测误差。

通过对比修正形式的检测装置,都是使用标准对应气体继电器口径的管道式设备进行气体继电器标定,后传导至对比检测装置中的方法,其目是否在于设备小型化,可携带至现场完成检测工作。但从上述分析可看出,传导后的检测装置只能完成定向的气体继电器对比检测,其检测结果无法定性,存在无法量化的问题。

此种建立数据库的标定方法中,气体继电器作为了量值传递工具。再次传递过程中,气体继电器安装、试验介质温度、传递终端设备工况等都没有相对应的技术规范,此种标定方法的可行性需要慎重考量。

第五节 气体继电器校验装置

气体继电器校验装置是检测和整定气体继电器重瓦斯流速值和轻瓦斯气体容积值的专用装置。

一、油流检测装置

现有气体继电器测试设备按照流速值的取得方法可以分为两种，一种是将气体继电器直接安装在油路中测量，一种是不将气体继电器安装在油路中测量。

直接将气体继电器安装在油路中测量，按照动力方式又可分为：使用压缩空气作为流速动力源的便携式设备和使用油泵作为流速动力源的大型台式设备。在这两种设备中根据检测设备油路管径与气体继电器口径是否一致又可以分为两种不同类型的检测设备。使用油泵作为流速动力源，采用与气体继电器口径一致的油路管径的大型台式设备因为测量速度快，测量环境基本和气体继电器工作流场环境一致，所测流速值不需要进行修正，被我国气体继电器生产企业和省、市供电公司试验所大量采用作为气体继电器的出厂试验和整定验收。而使用压缩空气作为流速动力源的便携式设备因为与容积试验和密闭试验所用动力一致，大大减少了检测装置的重量和体积，十分有利于在现场对气体继电器进行高精度的整定试验，在供电公司的维保部门中也获得了大量的应用。

不将气体继电器安装在油路中的测量方式其基本原理是通过检测气体继电器内部挡板转动到一定位置所受到的挡板上弹簧拉力来测定气体继电器动作流速的。

（一）管道式检测装置

气体继电器管道式检测装置是针对电力系统所用的气体继电器检测专用设备。目前国内生产管道式气体继电器检测设备厂家，检测装置通常由以下几个部分组成：

（1）通过变频控制油泵改变油流速度。

（2）涡轮流量计或压力传感器作为流速采样装置。

（3）油流管道有单口径管道、多口径管道等形式。

（4）控制系统对设备进行流程控制、数据显示、数据管理等。

设备在重瓦斯流速检测原理方面主要采用流速尺标定法、单口径管道流速标定换算法或多管道流速直接测量法、采用压力换算流速法的气体继电器校验装置、采用实际流速检测法的气体继电器校验装置、采用弹簧拉力法的气体继电器校验装置。下面就对上述常见的几种检测方法原理进行阐述。

1. 单口径管道流速标定检测装置

该类型设备有一根油流管道，主要通过建立一套各种型号气体继电器流速测量数据库，达到用一个口径检测管路来完成多种口径气体继电器流速值定量检测的目的，大致结构如图3-23所示。

单口径管道设备流速检测原理：

将被试气体继电器装夹在夹紧装置之间，控制系统通过变频器调节油泵转速，使管道中的油流速从0逐步增大，控制系统通过采集流量计的瞬间流量脉冲信号，对采集到的流量脉冲信号进行运算处理。并根

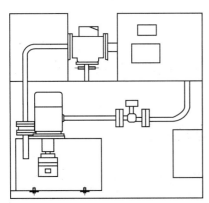

图3-23 单口径管道设备结构示意图

据气体继电器的口径、型号及厂家的不同，调用预设数据库中相关数据，换算为对应的被试气体继电器流速。当油流速达到一定值后，被试气体继电器挡板动作，干簧触点吸合，控制系统接收到流速触点信号，控制油泵停止，完成重瓦斯流速检测。控制系统记录下换算后的流速值，此值为气体继电器重瓦斯流速动作值。

根据现行标准 DL/T 540—2013 中检测误差 10%，检测结果可以看出国产 QJ 0.8m/s 和 1.0m/s 满足标准要求。1.3m/s 和 1.5m/s 只有进口满足标准误差，而国产继电器存在超出误差范围及无法检测的问题。下面将上述 ϕ25 单管道直读检测设备检测结果修正关系，通过线性图标的形式加以说明，曲线图形如图 3-24、图 3-25 所示。

从 ϕ25 单管道直读检测设备检测修正系数曲线图 3-24、图 3-25 中可以分析出，修正系数是一个非线性关系，存在阶段性修正，其修正后的数据只能为近似结果。并与当时采样修正过程中所使用的气体继电器特性有关，此修正系数只能针对特性对象的数据修正关系。如数据库代入同结构下的另一台设备中，会因设备固有特性、气体继电器装卡、检测温度等因素发生变化。

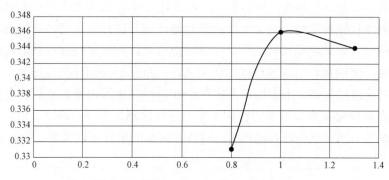

图 3-24 国产 QJ4-80 修正系数曲线图

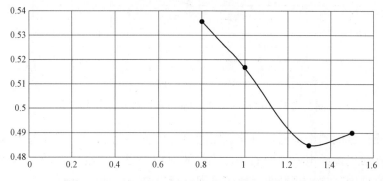

图 3-25 进口 EMB BF80-10/8 修正系数曲线图

2. 多口径管道流速标定检测设备

（1）多口径管道设备结构。该类型设备一般由三根独立的检测口径管道或是一根基准管道组合旁路的形式组成，其最大共同点在油流截面积口径与被检气体继电器口径一致。通过直读涡轮流量计来得到气体继电器动作流速值，过程中无任何的对比数据库换算。大致结构如图 3-26 所示。

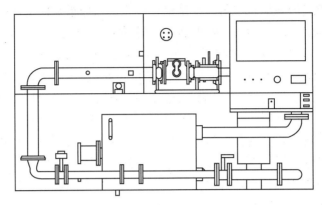

图 3-26　多口径管道设备结构示意图

（2）多口径管道设备流速检测原理。将被试气体继电器装夹在夹紧装置之间，控制系统通过变频器调节油泵转速，使管道中的油流速度从 0 逐步增大，控制系统通过采集流量计的瞬间流量脉冲信号，对采集到的流量脉冲信号进行运算处理。当油流速度达到一定值后，被试气体继电器挡板动作，干簧触点吸合，控制系统接收到流速触点信号，控制油泵停止，完成重瓦斯流速检测。控制系统记录下瞬间动作的流速值，此值为气体继电器重瓦斯流速动作值。准备进口及国产 $\phi80$ 口径气体继电器各 4 只，分别在 $\phi80$ 管道直读检测设备和 $\phi80$ 多口径管道检测设备中进行检测。下面将通过多口径管道检测设备检测国产及进口气体继电器检测结果，以线性图标的形式加以说明，如图 3-27 所示。

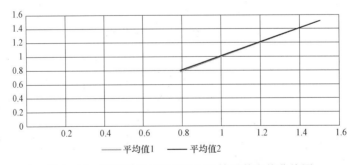

——平均值1　——平均值2

图 3-27　国产及进口气体继电器检测整定值曲线图

从多口径管道检测设备整定值曲线图图 3-27 可以分析出，该设备无修正系数关系存在，只与被检气体继电器口径有关。当检测对应口径气体继电器时，不因两种内部结构特性不一致受到影响，并检测误差满足现行标准 DL/T 540—2013。

3. 采用压力换算流速法的气体继电器校验装置

该装置是将被校验气体继电器置于较小口径的测试管路中，使气体继电器内部充满试验介质，在气体继电器一端的测试管路中施加一定压力，然后打开联通气体继电器另一端的测试管路上的阀门，此时由于管路内压力的作用会产生瞬时冲击油流从气体继电器内部流过，并将气体压力值换算成流速，以实现检测流速值的目的，此种气体继电器校验装置的缺点是只能定量检测、测试精度差、测试过程复杂烦琐、使用范围小、只能检测$\phi 25$管径的气体继电器，且需要知道被测气体继电器的参数值。

4. 采用实际流速检测法的气体继电器校验装置

该装置是将被校验气体继电器置于与其相同口径的测试管路中，然后调节流过被校验气体继电器油的流速，以实现检测流速值的目的，此种气体继电器校验装置的缺点是设备笨重、体积庞大、不同口径的气体继电器需要采用不同的测试管路，系统复杂，一台设备无法满足现有气体继电器的校验，如果北侧气体继电器改型或出现新品时还需要对设备硬件进行改进，限制了装置的适应性。

（二）流速尺检测装置

流速尺检测装置主要由流速尺尺身、配置砝码等组成。通过杠杆平衡原理实现对气体继电器重瓦斯动作值的测量。大致结构如图3-28所示。

图3-28 流速尺检测装置结构示意图

流速尺检测装置检测原理：

将气体继电器通过管道式检测装置，取出流速范围动作特性曲线，后根据此特性曲线利用一把尺子，通过砝码平衡力矩将此动作特性曲线的刻画至尺身上。

将气体继电器芯取出，通过专用支撑杆，将芯置于正上方。使用水平尺置于气体继电器芯上方，并调节至水平状态。

将对应口径的流速尺，通过螺栓固定安装于气体继电器挡板中心孔处。再将尺身上的砝码拨至需要的标定值位置，此时完成流速尺的安装。

通过调节挡板上方弹簧拉力，使流速尺位于挡板复位状态下自然下坠，干簧接点吸合且挡板不回弹，此时流速尺刻度读数与气体继电器重瓦斯动作值一致，此读数即为重瓦斯流速动作值。

根据现行标准DL/T 540—2013《气体继电器检验规程》中检测误差10%来判定，

检测结果可以看出 0.8～1.3m/s 未满足标准要求，超过误差范围。

（三）弹簧拉力法的气体继电器校验装置

该装置是测试瓦斯继电器挡板动作压力值，并自动计算出与其继电器的流速整定值，此种气体继电器校验装置缺点是需要拆下气体继电器芯。安装完成后由于气体继电器芯位置变动，测出的数据已经不是实际数据，另外由于测量的是气体继电器动作时的弹簧压力，而油流冲击的是气体继电器的挡板，每个气体继电器的挡板受力面积不同，所以测出的数据极不准确，遇到双浮球气体继电器不发校验。

（四）压力式检测装置

压力式检测装置主要由主油桶、回油桶、安装在主油桶上的压力传感器、安装在主油桶与回油桶之间的快速阀、空气压缩机及控制系统组成（见图 3-29）。通过标定气体继电器定值流速对应冲动被测气体继电器压力得到重瓦斯流速动作值。通过对应口径的管道式标准设备，将气体继电器定值校准后，置于压力式检测装置中，根据流速检测范围值，取得不同的冲动压力值，形成非线性的固定型号、厂家压力对应曲线。

再将气体继电器置于主油桶与回油桶之间，通过空气压缩机对主油桶加压推动主油桶内的变压器油充满气体继电器。排出空气充满变压器油后，空气压缩机对主油桶施加一定压力，然后打开连通气体继电器另一端回油桶前端的快速阀，此时主油桶中的压力推动变压器油产生瞬时冲击油流，从主油桶出口处的油孔喷出，进气体继电器内部，流向回油桶。通过多次充油—加压—推动油流的过程寻找到气体继电器干簧吸合点，将此吸合点压力数据调用至系统中的预设数据库进行对比，实现检测流速值的目的。

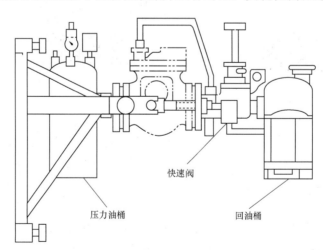

快速阀

压力油桶　　　　回油桶

图 3-29　压力式检测装置基本原理图

通过标准台校准后国产 QJ 系列气体继电器及进口 EMB 系列气体继电器，分别置于压力式检测装置中进行检测。检测过程中发现仅有 QJ 系列气体继电器检测型号选项，未发现进口 EMB 检测型号选项。根据现行标准 DL/T 540—2013 中检测误差 10%，检测结果可以看出国产 QJ 0.8～1.3m/s 满足标准要求。而进口 EMB 0.8～1.3m/s 存在超出误差范围及无法检测的问题。

（五）压差法油流速检测装置

1. 压差法测量脉冲流速的原理

变压器用气体继电器校验装置采用压差法测量脉冲流速，能较好地模拟变压器内部故障情况，且测量离散率小，误差符合要求。流速测量是根据预设的整定值（流速）设定预充空气的压力，由气体继电器重瓦斯动作与否对整定值进行修改以逼近其真实值。因此该类设备控制的一个关键是压力－流速的标定曲线。通过理论推导以及工程实际的合理简化，得出流速与压力的关系式为

$$v = 0.82\sqrt{2gH + \frac{2(p_1 + p_0)}{\rho}} \qquad (3-14)$$

式中　v——流速；

　　　H——液面高度；

　　　p_1——液面压力；

　　　p_0——标准大气压；

　　　ρ——液体密度。

由式（3－14）可知，当 H 已知，$v \propto \sqrt{\dfrac{p_1 - p_0}{\rho}}$，流速只与空气压力有关，与管口直径无关。

2. 压差法测量脉冲流速装置系统组成

校验测试装置由气体继电器校验台、微机测控箱和微型电动空气压缩机 3 部分组成。系统整体设计主要是气体继电器校验台的机械结构部分设计，涉及到压力油筒、回油筒以及各连接支撑部件的尺寸、形位公差和安装配合精度。测试装置整体设计的一个显著特点是能满足试验测量精度要求，小巧轻便，便于携带，方便现场试验的需要。

该系统由 3 部分组成：气体继电器校验台、微机测控箱、微型电动充气机。具体关系如图 3－30 所示。

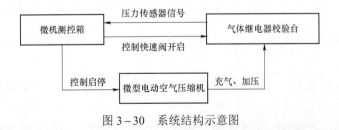

图 3－30　系统结构示意图

测试系统的软件设计主要包括气体继电器的流速、容积、密封等各项校验功能的实现和最终测试结果的输出，可采用单片机编程语言 PL/M－96 编写，并采用模块化结构。

图 3-31、图 3-32 为具体的流速和容积测量控制过程流程图。

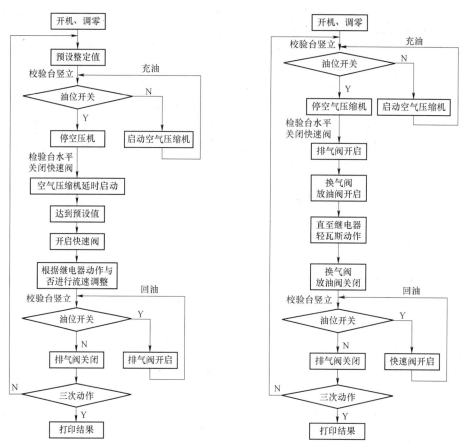

图 3-31　流速测量控制过程流程图　　图 3-32　容积测量控制过程流程图

3. 压差法测量装置的优点

针对目前校验方式落后，检验设备庞大笨重，不利于现场校验，设计开发了一套变压器用气体继电器校验装置，其主要特点是：

（1）流速测量模拟变压器内部故障情况，采用压差法测脉冲流速的方法测量离散率小，误差符合要求，携带方便，适于现场使用，是全国急需的试验设备，很有推广使用价值。

（2）功能齐全、应用范围广。具有直接测试 QJ-25/50/80 型继电器流速、容积、密封等检验项目。

（3）自动化程度高。采用微机测控、液晶显示，实现测量、参数调整、控制操作、记录打印自动化。

（4）体积小、质量轻、便于携带，满足现场试验需要，完全可代替体积庞大的固定式油泵法校验台使用，可节约设备和试验室大量的投资。

（5）测量控制装置全屏蔽封装，抗干扰能力强，经现场测试，结果准确可靠。

（六）不同类型装置的对比

上述检测装置中，仅有多口径管道检测设备采用了以油流截面积与被检气体继电器口径一致的方法进行检测。此种检测方法没有对比数据库的存在，采用的是直读涡轮流量计的方式，检测装置中的涡轮流量计满足量值传递要求。但仅通过涡轮流量计本体合格一项指标，也不能充分说明检测结果的准确性。应考虑管道的设计长度是否引起通过气体继电器的油流波动、涡轮流量计脉冲信号采集周期、试验介质温度、油流上升速度等，再结合气体继电器在变压器发生故障时的工况，建立一套完善的气体继电器检测设备检测标准进行量化考核。

二、气体容积值检测装置

轻瓦斯气体容积值校验装置针对 EMB 气体继电器的模拟气体检测法，其装置原理如下：

瓦斯继电器中绝缘液液面的改变引起测量探头的电容量发生变化，根据这一点得出测量数据。气体体积的模拟测量适用于 $50\sim300cm^3$ 的体积。对于更少的气体体积则会由于误差过大而无法明确地测定。而在此范围以上的体积则会由于上开关系统的动作而没有必要测量，更何况由于受到瓦斯继电器结构的局限也无法进行测量（较大容积的气体量将会涌向储油柜）。上开关系统（上浮子）的开关点在气体体积达 $200\sim300cm^3$ 时。

该方法适用于在绝缘液中存在未溶解气体的情况下。其检测原理是：气体在液体中上升，逐渐聚集在瓦斯继电器内并挤压绝缘液液面。因此，绝缘液液面下降。随着液面位置的变化，测量探头的电容量也会发生变化。这种变化被转换成模拟电流信号。

需要注意的是，由于结构原因，探头的电流数值在气体体积达约 $50cm^3$ 前一直保持相对稳定。只有当电流信号变小而计算得出的体积可识别地变大时，函数方程式所提供的才是实际体积值。

第六节　气体继电器校验过程中的注意事项

气体继电器作为变压器内部故障的第一道保险，必须认真严肃对待。在调试时，要保证误差在规定范围之内。当瓦斯继电器动作时，应立即记录动作时间和动作状况向上级主管部门汇报，从而尽快排查故障原因，避免故障再次发生。重新投运前，必须对瓦斯继电器进行再检测，避免内部损伤带来的误动作。目前，国内瓦斯继电器的调试规程不统一，因此建议进一步完善现有的变压器检修、试验、运行规程。

（1）要选择与被试气体继电器型号相对应的流速表刻度。

（2）气体继电器安装在校验台校验时，注意使气体继电器上的箭头指向回油桶一侧。

（3）对气体继电器校验时出现漏油现象，通常是密封垫出了问题，为防止漏油，每次回装必须注意密封垫位置。

（4）有时遇到气体继电器触点不动作时，不要盲目判断气体继电器触点有问题，而是应先检查气体继电器内是否充满变压器油等，保证真实反映设备情况。

第七节　气体继电器校验影响因素

一、油温的影响

为验证油温变化对检测结果的影响，使用同一个继电器，同一次装卡状态下，根据不同温度进行测量，得出试验数据见表3-5。

（一）原因分析

随着温度的上升，流速值也随之升高。依据表中数据，假设要求该继电器流速整定值为1.0m/s，并根据规程规定偏差不大于0.05m/s，得出5～18℃检验值都不合格，且数值变化较大，而在20℃以上校验值都合格，且数值变化较小。造成这种结果的原因在于油的黏度和温度之间存在一定的关系，即温度升高，黏度降低，温度降低，黏度升高。根据流体力学中对黏度的表述得出，作用的力一定时，黏度越大，液体流速就越小，反之，则越大。故随着温度的升高，流速上升。根据表3-6中数据表明：当油温达到20℃以上，流速的数值变化很小，而一般运行中变压器油温都在20℃以上，故校验时应选定20℃以上的值，这与规程和说明书中规定相符合。

（二）解决方法

消除油的黏度对流速的影响，应将油品在低温环境中加热，使其达到20℃以上，由于校验装置没有配备加热器，所以一般采用多次冲量的方法使油温升高。

二、滞留空气的影响

由于每次校正都要重复装拆气体继电器，造成继电器腔体内滞留一部分空气，为测试其对校验结果的影响程度，测量了不同滞留气体的流速数据见表3-5。

表3-5　　　　　　　　　　　　不同滞留气体的流速

容积（mL）	0	250	300	350
流速（m/s）	0.979	0.974	0.984	0.990
	0.974	0.985	1.005	0.978
	0.980	0.993	1.004	1.001
	0.992	1.001	0.981	1.004
	0.977	0.995	0.993	1.009

根据表3-5中数据，利用标准偏差公式得出

$$S_0 = \sqrt{\frac{\sum (X_i - \mu)^2}{n-1}} = 0.006\,877 \qquad (3-15)$$

$$S_{250} = \sqrt{\frac{\sum(X_i - \mu)^2}{n-1}} = 0.010\,431 \tag{3-16}$$

$$S_{300} = \sqrt{\frac{\sum(X_i - \mu)^2}{n-1}} = 0.011\,059 \tag{3-17}$$

$$S_{350} = \sqrt{\frac{\sum(X_i - \mu)^2}{n-1}} = 0.012\,422 \tag{3-18}$$

由式（3-15）～式（3-18）得 $S_0 < S_{250} < S_{300} < S_{350}$。

由此得出，随着滞留空气的增多，标准偏差数值越来越大，即测试数据的分散性越来越大，对测试结果的精确度影响越来越大，所以每次测试前最好将气体继电器内滞留的空气按规定排出。

三、油质洁净程度的影响

由于气体继电器脏物或者外来沙尘的影响，校验台使用一段时间后，校验装置中变压器油中含有大量的杂质和纤维材料。这些杂质的存在，对流量计测试准确度和使用寿命都有很大的影响。因此要定期检查油质并进行更换。

四、其他

（1）油路输入口径的变化对流速影响，所以在管道设计的时候尽量保证油路的口径与瓦斯继电器的口径保持一致。

（2）继电器油流中心与管路油流中心的偏差，作用于气体继电器挡板的油流位置发生变化，造成气体继电器腔内流体流向发生变化。在对油路进行设计时采用定位孔等方法使中心偏差减小。

（3）温度对压力测量产生的影响。在系统中采用一线制温度传感器对环境温度进行测量，在程序中对测量的压力进行补偿。

（4）装配时在气体继电器内部驻留的空气体积，腔内体积过多会造成流速测量明显偏小，少量气体会造成测量数据的波动。

（5）使用油量对测量的影响，注入油多则压缩空气体积减小，流速换算值比实际值大，用油少则压缩空气体积增大，流速换算值比实际值小。所以在对油量的控制上尽可能保证一致，可以采用：校验台旋转至竖立位置使油全部流入压力油桶，注油量以油从放气阀溢出为止，再将校验台旋转少许使压力油桶尾部略高 2cm，待放气阀无油溢出为止。

思考题

一、简述气体继电器是变压器内部短路故障的主保护的原因。

答： 变压器内部故障的主保护是瓦斯保护，它能瞬间切除故障设备，瓦斯保护的灵敏度却取决于整定值（流速）。因为，电力变压器的电量型继电保护，如差动保护、电流速断保护、零序电流保护等对变压器内部故障是不灵敏的，这主要是内部故障从匝间短路开始的，短路匝内部的故障电流虽然很大，但反映到线电流却不大，只有故障发展到多匝短路或对地短路时才能切断电源。所以瓦斯保护能瞬间切除故障设备就显得尤为重要。

二、什么是变压器轻瓦斯报警？

答：变压器气体继电器有轻瓦斯报警和重瓦斯跳闸两种功能。轻瓦斯报警功能是当变压器内部出现过热、低能量的局部放电等不严重的局部故障时，变压器油分解产生的气体上浮集于继电器的顶部，达到一定体积时，气体继电器内上部的油位下降，受重力影响，使量杯上的磁铁也跟着旋转下降，继而接通干簧管触点接通启动信号。

三、什么是变压器重瓦斯跳闸？

答：重瓦斯跳闸是当变压器内部出现高能量电弧放电等严重故障时，变压器油急剧分解产生大量气体，通过气体继电器向储油柜方向释放，形成的油流、气流达到一定流速，冲击挡板，下置磁铁使下干簧管触点接通启动跳闸。

四、试述变压器轻瓦斯保护原理。

答：内部故障比较轻微或在故障的初期，油箱内的油被分解、汽化，产生少量气体积聚在瓦斯继电器的顶部，当气体量超过整定值时，发出报警信号，提示维护人员进行检查，防止故障的发展。

五、试述变压器重瓦斯保护原理。

答：变压器油箱内部发生故障时，油箱内的油被分解、汽化，产生大量气体，油箱内压力急剧升高，气体及油迅速向油枕流动，流速超过重瓦斯的整定值时，瞬间动作切除主变压器。

六、目前，变压器配置的气体继电器有哪些系列？

答：目前变压器配置主要类型的气体继电器有：国产 QJ 系列、国外 EMB 系列和国外 MR 系列。

七、EMB 型气体继电器保护功能有哪三种？

答：EMB 型气体继电器采用双椭球形结构，保护功能共有 3 个：轻瓦斯动作（报信号）；重瓦斯动作（正常运行中投跳闸）；低油面动作（与重瓦斯共用触点，当重瓦斯动作后起复归作用）。

八、气体继电器安装前检验项目有哪些？

答：气体继电器安装前检验项目有：① 外观检查；② 绝缘电阻检查；③ 耐压试验；④ 密封性；⑤ 流速整定；⑥ 气体容积整定；⑦ 干簧触点导通试验；⑧ 动作特性试验。

九、瓦斯继电器的主要校验项目有哪些？

答：瓦斯继电器的主要检测项目有：① 外观检查；② 绝缘电阻检查；③ 耐压试验；④ 密封性；⑤ 流速整定；⑥ 气体容积整定；⑦ 干簧触点导通试验；⑧ 动作特性试验；⑨ 防水性能试验；⑩ 抗震能力；⑪ 反向油流试验。

十、气体继电器例行试验项目有哪些？

答：气体继电器例行试验检验项目有：① 外观检查；② 绝缘电阻检查；③ 耐压试

验；④ 密封性；⑤ 流速整定；⑥ 气体容积整定；⑦ 干簧触点导通试验；⑧ 动作特性试验。

十一、试述气体继电器外观检查的内容。

答：气体继电器瓦罐检查应包括：

（1）继电器壳体表面光洁、无油漆脱落、无锈蚀、玻璃窗刻度清晰、出线端子应便于接线；螺钉无松动、放气阀和探针等应完好。

（2）铭牌应采用黄铜或者不锈钢材质，铭牌应包含厂家、型号、编号、参数等内容。

（3）继电器内部零件应完好，各螺钉应有弹簧垫圈并拧紧，固定支架牢固可靠，各焊缝处应焊接良好，无漏焊。

（4）放气阀、探针操作应灵活。

（5）开口杯转动应灵活。

（6）干簧管固定牢固，并有缓冲套，玻璃管应完好无漏油，根部引出线焊接可靠，引出硬柱不能弯曲并套软塑料管排列固定，永久磁铁在框架内固定牢固。

（7）挡板转动应灵活。干簧触点可动片面向永久磁铁并保持平行，尽可能调整两个触点同时断合。

十二、试述气体继电器抗震性能判断标准。

答：将继电器充以清洁的变压器油，在跳闸触点上接以指示装置，然后装在振动台上，作正弦波的振动试验，频率为 4~20Hz、加速度为 $40m/s^2$ 时，在 X、Y、Z 轴三个方向各试 1min，气体信号触点和油流速信号触点不出现误动作为合格。

十三、什么是气体继电器流速整定？为什么要做该项测试？

答：流速为有跳闸动作输出时测得的稳态流速值。流速试验应重复三次，继电器各次动作值的误差不大于±10%整定值，三次测量动作值之间的最大误差不超过整定值的10%。具体操作过程根据校验台的流程依次进行，即可测定流速值。

十四、什么是气体继电器气体容积整定？

答：将气体继电器充满油后，两端封闭，水平放置，打开放气阀，然后缓慢放油，直到有信号动作输出时，测量放出油的体积值，即为继电器气体容积动作值。

十五、气体继电器动作特性试验如何进行？

答：在专用试验装置上，装好被试气体继电器，然后充以清洁的变压器油。在气体信号触点与油流速信号触点的端子上，各接以指示装置。将气塞旋开，放出气体继电器内部的空气。当注入气体或放油，使积聚在继电器内的气体数量达到规定范围时，信号触点应稳定地发出信号。

按规程给定的每种规格继电器的最大油流速和最小油流速各测三次。每次试验，油流速报警信号触点均应可靠动作，指示装置应稳定地发出信号。取三次的平均值作为整定值，当标尺的油流速与整定值之差不大于±0.1m/s，且每次试验值与整定值之差不大于±0.05m/s 时，则认为合格。

十六、什么是气体继电器反向油流试验？

答：以继电器的最大油流速度，反向冲击 3 次。继电器内各部件应无变形、位移和损伤。然后再次进行流速值、气体容积值、绝缘电阻检查，其性能应仍能满足要求。

十七、试述气体继电器动作可靠性试验的方法。

答：检查动作于跳闸的干簧触点动作可靠性转动挡板至干簧触点刚开始动作处，永久磁铁面距干簧触点玻璃管面的间隙应保持在 2.5~4.0mm。继续转动挡板到终止位置，干簧触点应可靠吸合，并保持其间隙在 0.5~1.0mm，否则应进行调整。检查动作于信号的干簧触点动作可靠性转动开口杯，自干簧触点刚开始动作处至动作终止位置，干簧触点应可靠吸合，并保持其滑行距离不小于 1.5mm，否则应进行调整。

十八、请画出气体继电器干簧触点断开容量试验接线图。

答：按图 3-33 所示，将干簧触点接入电路，通过对继电器进行油流冲击使干簧管产生开断动作，重复试验 3 次，应能正常接通和断开。采用直流 110V 供电时负载选用 30W 灯泡进行试验；采用直流 220V 供电时负载选用 60W 灯泡进行试验。

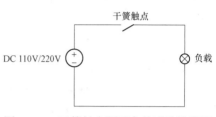

图 3-33　干簧触点断开容量试验接线图

十九、请给出 QJ 气体继电器不同规格下的流速整定范围。

答：QJ-25 型：连接管径 25mm，流速范围 1.0m/s；

QJ-50 型：连接管径 50mm，流速范围 0.6~1.2m/s；

QJ-80 型：连接管径 80mm，流速范围 0.7~1.5m/s。

二十、试述进口 MR、EMB 型继电器重瓦斯保护中恒磁磁铁的作用。

答：进口瓦斯中 MR、EMB 等类型的重瓦斯保护因国内通常订购只具备重瓦斯监测的气体继电器，所以只需整定重瓦斯动作值。值得一提的是，进口气体继电器的重瓦斯并不由弹簧的弹力控制，而是由挡板上的恒磁磁铁进行吸合控制。

二十一、流速测量的基本方法有哪些？

答：重瓦斯校验的重点在于变压器油流速度的测量，而作为流速测量的代表性仪器，有早期的毕托管，后来的热线热膜风速计，以及近期出现的激光流速计。

二十二、试述压电转化法的基本原理。

答：为了能准确测量气体继电器动作时候的施加力的大小，需要测气体继电器挡板所受到的压力大小。压力传感器即由非电气量（质量或重量）转换成电气量的转换元件，它是把支承力变换成电的或其他形式的适合于计量求值的信号所用的一种辅助手段。因此，我们可以应用压力传感器，来测量弹簧的所受到的力，这就是压电转换法的基本思路。

二十三、请画出压电转化法的桥式测量电路图。

答：当传感器不受载荷时，弹性敏感元件不产生应变，粘贴在其上的应变片不发生变形，阻值不变，电桥平衡输出电压为零；当传感器受力时，即弹性敏感元件受载荷 P 时，应变片就会发生变形，阻值发生变化，电桥失去平衡，有输出电压。如图 3-34 所示。

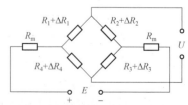

图 3-34　压电转换法的桥式测量电路

二十四、气体继电器校验的影响因素有哪些？

答：油温的影响、滞留空气的影响、油质洁净程度的影响。

二十五、瓦斯保护的保护范围是什么？

答：（1）变压器内部的多相短路。

（2）匝间短路、绕组与铁芯或外壳间的短路。

（3）铁芯故障。

（4）油面下降或漏油。

（5）分接开关接触不良或导线焊接不良。

二十六、瓦斯保护的反事故措施要求是什么？

答：（1）将瓦斯继电器的下浮子改为挡板式，触点改为立式，提高重瓦斯动作可靠性。

（2）瓦斯继电器应加装防雨罩。

（3）瓦斯继电器引出线应采用防油线。

（4）瓦斯继电器的引出线和电缆线应分别连接在电缆引线端子箱内的端子上，就地端子箱引至保护室的二次回路不宜存在过渡或转接环节。

二十七、瓦斯继电器重瓦斯的流速一般整定为多少？轻瓦斯动作容积整定值是多少？

答：重瓦斯的流速一般整定在 0.6～1m/s，对于强迫油循环的变压器整定为 1.1～1.4m/s；轻瓦斯的动作容积可根据变压器的容量大小整定在200～300mm³ 范围内。

二十八、怎样理解变压器非电量保护和电量保护的出口继电器要分开设置？

答：变压器保护差动等保护动作后应启动断路器失灵保护，由于非电量保护（如瓦斯保护）动作切除故障后不能快速返回，可能造成失灵保护的误启动，且非电量保护启动失灵后，没有适当的电气量作为断路器拒动的判据，非电量保护不应该启动失灵。所以，为了保证变压器的差动等电量保护可靠启动失灵，而非电量保护可靠不启动失灵，应该将变压器非电量保护和电量保护的出口继电器分开设置。

二十九、气体继电器的作用及工作原理是什么？应用上有什么规定？

答：变压器气体继电器位于储油柜与箱盖的连接管之间，当变压器内部发生故障，如绝缘击穿、匝间短路、铁芯事故等，由于电弧热量使绝缘油体积膨胀，大量气化，产生大量气体，油气流冲向油枕，流动的气流油流使继电器动作；或油箱漏油使油面降低，接通信号或跳闸回路，保护变压器不再扩大损失。气体继电器目前有二种，一是浮子式气体继电器老式，目前大部分变压器还在使用，一是挡板式气体继电器，比浮子式更为可靠。

三十、《国家电网有限公司十八项电网重大反事故措施（2018年修订版）及编制说明》对气体继电器校验的要求是什么？

答：《国家电网有限公司十八项电网重大反事故措施（2018年修订版）及编制说明》中：新安装的瓦斯继电器必须经校验合格后方可使用。瓦斯保护投运前必须对信号跳闸回路进行保护试验。瓦斯继电器应定期校验。当气体继电器发出轻瓦斯动作信号时，应立即检查气体继电器，及时取气样检验，以判明气体成分，同时取油样进行色谱分析，查明原因及时排除。

三十一、重瓦斯调节的方法是什么？

答：向外旋转弹簧调节杆尾部的螺母，然后使弹簧自然收缩，当指针到达定值时，固定调节杆内部的圆片，继而固定尾部螺母，可减小重瓦斯流速定值。反之先松动圆片，拉出弹簧杆到达定值时固定尾部螺母，则增大重瓦斯流速定值。由于两个螺母的旋转方向相反，因而不必考虑运行中螺母松动引发的误差。国产重瓦斯在试验中可进行自动复归。

三十二、如何调节进口瓦斯？

答：由于进口瓦斯继电器多数用于重瓦斯保护，因而只需考虑重瓦斯定值的整定。MR、EMB 等型号的重瓦斯继电器均采用恒磁磁铁控制挡板的开合。这里需要涉及磁力的问题，能够产生磁力的空间存在着磁场。磁场是一种特殊的物质。磁体周围存在磁场，磁体间的相互作用就是以磁场作为媒介的。磁场是在一定空间区域内连续分布的矢量场，描述磁场的基本物理量是磁感应强度 B，磁通量是通过某一截面积的磁力线总数，用 Φ 表示，单位为韦伯（Wb）。通过一线圈的磁通的表达式为：$\Phi = BS$（其中 B 为磁感应强度，S 为该线圈的面积）。

在调节此类继电器时，需要考虑磁铁间的相对面积。增大相对面积，则增强磁力，进而增大动作定值。部分进口继电器在磁铁侧有螺钉连接滑片，可进行磁力的变化，并且进口瓦斯继电器在出厂时已经固定恒磁磁铁的相对吸附面积即动作的灵敏值。大部分继电器不设可调元件，因而只能进行检定，而无法整定。进口重瓦斯继电器需要手动复归，每测试一次先复归后再进行第二次测试，否则无信号输出。

三十三、现有油流检测装置所采用的检测方法有哪几种？

答：现有气体继电器测试设备按照流速值的取得方法可以分为两种，一种是将气体继电器直接安装在油路中测量，一种是不将气体继电器安装在油路中测量。

三十四、管道式检测装置有哪些分类？

答：主要采用流速尺标定法、单口径管道流速标定换算法或多管道流速直接测量法、压力换算流速法、采用弹簧拉力法的气体继电器校验装置。

三十五、简述流速尺检测法原理。

答：流速尺检测装置主要由流速尺尺身、配置砝码等组成。通过杠杆平衡原理实现对气体继电器重瓦斯动作值的测量。

三十六、简述压力式检测装置所采用的检测原理。

答：压力式检测装置主要由主油桶、回油桶、安装在主油桶上的压力传感器、安装在主油桶与回油桶之间的快速阀、空气压缩机及控制系统组成。通过标定气体继电器定值流速对应冲动被测气体继电器压力得到重瓦斯流速动作值。

三十七、简述压差法油流速检测装置的工作原理。

答：流速测量是根据预设的整定值（流速）设定预充空气的压力，由气体继电器重瓦斯动作与否对整定值进行修改以逼近其真实值。因此该类设备控制的一个关键是压力-流速的标定曲线。

三十八、请画出单口径管道设备结构示意图。

答：该类型设备有一根油流管道，主要通过建立一套各种型号气体继电器流速测量数据库，达到用一个口径检测管路来完成多种口径气体继电器流速值定量检测的目的，大致结构如图 3-35 所示。

三十九、试述 QS-80 型气体继电器校验台原理，并绘制原理图。

答：该设备采用直接将气体继电器放入油路中的测试方法，其基本原理如图 3-36 所示。通过控制油泵转速达到改变管道中油流速度的目的。当检测到气体（瓦斯）继电器重瓦斯信号的时候，记录流量计测得的流量值，换算成流速值。

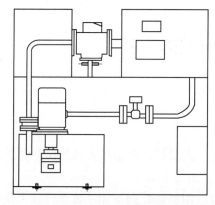 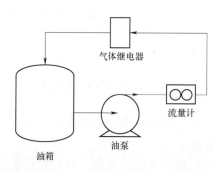

图 3-35　单口径管道设备结构示意图　　图 3-36　图测试台工作原理示意图

四十、试述气体继电器密封试验的测试方法。

答：对挡板式继电器密封检验，其方法是对继电器充满变压器油，在常温下加压至 0.2MPa、稳压 20min 后，检查放气阀、探针、干簧管、出线端子、壳体及各密封处，应无渗漏。

对空心浮子式继电器密封试验，其方法是对继电器内部抽真空处理，绝对压力不高于 133Pa，保持 5min。在维持真空状态下对继电器内部注满 20℃以上的变压器油，并加压至 0.2MPa，稳压 20min 后，检查放气阀、探针、干簧管、浮子、出线端子、壳体及各密封处，应无渗漏。

四十一、请简述动作于信号的容积整定方法。

答：将声光信号装置接于轻瓦斯信号触点，将瓦斯继电器充满油，旋松放气阀降至零，旋松瓦斯继电器顶部气塞，从玻璃窗视察油位下降情况，当轻瓦斯干簧触点刚好动作发出声光信号时，旋紧气塞并读取油位指示值，此值在 250～300ml 或符合厂家规定为合格，否则将瓦斯继电器芯取出重新调整重锤位置，重复上述操作直至合格为止。

四十二、请简述继电器流速整定范围。

答：QJ-25 型：连接管径 25mm，流速范围 1.0m/s；QJ-50 型：连接管径 50mm，流速范围 0.6～1.2m/s；QJ-80 型：连接管径 80mm，流速范围 0.7～1.5m/s。

第四章

气体继电器运维实用技术

第一节　气体继电器的安装

气体继电器安装前的准备工作包括以下四方面内容。

（一）安装前的人力资源条件

（1）安装单位组织管理人员、技术人员、施工人员以及制造厂人员到位并熟悉现场及设备情况。

（2）作业人员上岗前，应根据设备的安装特点由制造厂向安装单位进行技术交底；安装单位对作业人员进行专业培训及安全技术交底。

（3）制造厂人员服从现场各项管理制度，制造厂人员进场前应将人员名单及负责人信息报监理备案。

（4）人员岗位职责。

1）工作票签发人：确认工作必要性和安全性；确认工作票上所填安全措施是否正确完备；确认所派工作负责人和工作班人员是否适当且充足。

2）工作许可人：负责审查工作票所列安全措施是否正确、完备，是否符合现场条件；工作现场布置的安全措施是否完善，必要时予以补充；负责检查检修设备有无突然来电的危险；对工作票所列内容即使存在很小疑问，也应向工作票签发人询问清楚，必要时应要求做详细补充。

3）工作负责人：正确组织工作；检查工作票所列安全措施是否正确完备，是否符合现场实际条件，必要时予以补充；工作前，对工作班成员进行工作任务、安全措施、技术措施交底和危险点告知，并确认每一个工作班成员都已签名；严格执行工作票所列安全措施；监督工作班成员遵守本规程，正确使用劳动防护用品和安全工器具以及执行现场安全措施；关注工作班成员身体状况和精神状态是否出现异常迹象，人员变动是否合适。

4）专责监护人：确认被监护人员和监护范围；工作前，对被监护人员交代监护范围内的安全措施、告知危险点和安全注意事项；监督被监护人员遵守《安全工作规程》和现场安全措施，及时纠正被监护人员的不安全行为。

5）工作班成员：熟悉工作内容、工作流程，掌握安全措施，明确工作中的危险点，并在工作票上履行交底签名确认手续；服从工作负责人（监护人）、专职监护人的指挥，严格遵守本规程和劳动纪律，在确定的作业范围内工作，对自己在工作中的行为负责，互相关心工作安全；正确使用施工器具、安全工器具和劳动防护用品。

（二）安装环境条件

（1）严禁在阴雨、下雪天气进行安装工作。

（2）安装时场地四周要清洁，有一定的防护措施。

（3）阴天或冬季安装时，环境温度不应低于0℃。

（三）安装前注意事项

（1）新出厂的继电器安装使用前必须先取出继电器芯子，拆除运输固定用的绑扎带，检查所有紧固螺钉是否松动，浮子及挡板的运动是否灵活，触点是否可靠开闭，以及引线是否脱落。

（2）继电器必须经专用的试验装置检验后方可安装使用。

（3）挡板一侧装有弹簧，改变弹簧的长度，可以调整跳闸触点动作的油流速度。其余各部件不得随意调动。

（4）更换或增添磁铁及干簧管触点附近的零件时，应选用非导磁材料。

（5）磁铁不能剧烈振动，不能放在强磁场及超过100℃和低于−40℃的环境中。

（四）安全注意事项

（1）在变压器顶部作业时，防止高空坠落。

（2）使用绝缘电阻表严防触电。

（3）宜用500V绝缘电阻表测量，防止试验引起的触点绝缘损坏。

（4）防止气体继电器观察窗损坏。

（5）严禁踩踏二次电缆。

（6）检查芯体时不得碰动芯体整定值。

（7）国家电网有限公司"十不干"：

1）无票的不干；

2）工作任务、危险点不清楚的不干；

3）危险点控制措施未落实的不干；

4）超出作业范围未经审批的不干；

5）未在接地保护范围内的不干；

6）现场安全措施布置不到位、安全工器具不合格的不干；

7）杆塔根部、基础和拉线不牢固的不干；

8）高处作业防坠落措施不完善的不干；

9）有限空间内气体含量未经检测或检测不合格的不干；

10）工作负责人（专责监护人）不在现场的不干。

第二节　气体继电器的基本要求

（1）气体继电器的设备选型、安装和维护应满足有关规程、标准的要求。

（2）气体继电器应选择结构合理、运行业绩良好、动作可靠以及采取了有效防雨防潮措施的产品。

（3）户外变压器（电抗器）的气体继电器（本体、有载开关）均应装设防雨罩，继电器本体及二次电缆进线 50mm 应被遮蔽，45°向下雨水不能直淋。

（4）二次电缆应选择耐油、屏蔽、绝缘和机械性能好的产品，气体继电器引出电缆不得高于电缆出线盒，防止电缆护套进水倒流；二次电缆与各继电器间应封堵良好，电缆护套应在低点设滴水孔。

（5）应选用符合 DL/T 540—2013 标准要求的气体继电器，气体继电器防水、防油渗漏，密封性应良好，气体继电器至本体端子箱的电缆不宜设有中间转接。

（6）气体继电器的布置和设置应方便运行巡视、检查和检修。

（7）真空有载分接开关气体继电器应具备气体容积、流速保护，常规油浸式有载分接开关气体继电器宜仅配置流速保护。

（8）换流变压器和 500kV 及以上交流变压器应选用双浮球结构气体继电器。

（9）为满足拆检需要，气体继电器两侧均应安装阀门，油枕侧阀门应配置波纹管。

（10）流速保护回路应使用单独电缆，不得与其他电气回路共用。

（11）为将气体积聚通向气体继电器，气体继电器或集气连接管应有 1%～1.5%的升高坡度。安装方向正确，盖板上的箭头标志清晰指向储油柜。

（12）新气体继电器安装应抽芯检查：内部各螺栓紧固，固定用绑扎带拆除，触点动作正常，各部位密封良好，检查后需用干净变压器油冲洗，安装后需放尽内部气体，外部检查无渗漏油。

（13）新气体继电器校验后运输应重新固定绑扎。

（14）气体继电器检验周期应按状态检修试验规程执行，气体继电器的气体容积、流速保护动作正确，传动试验正确，二次回路电气绝缘试验合格。首检、A 级检修时应进行整定值检查、动作特性检验。

（15）油浸式变压器（电抗器）正常运行时，气体容积动作应作用于信号，流速保护应作用于跳闸；对于可能引起运行变压器（电抗器）流速保护误动的工作，应将作用于跳闸的流速保护改信号，包含但不限于更换潜油泵、更换呼吸器硅胶、更换净油器的吸附剂以及打开气阀及调整油位。

（16）当气体继电器发出气体容积保护动作信号时，应立即检查气体继电器，及时取气样检验，以判明气体成分，同时取油样进行色谱分析。

（17）对于利用中性点断路器投切的油浸式电抗器，当其流速保护动作时，与电抗器电气连接最近的系统侧断路器应速断，不得设延时。

第三节　气体继电器的安装工艺

（1）将气体继电器取出，检查容量器、玻璃窗、放气阀、放油塞、接线端子盒、小套管等是否完整，接线端子及盖板上箭头标志是否清晰，各接合处是否渗漏油。

（2）气体继电器密封检查合格后，用合格的变压器油冲洗干净，保证内部清洁无杂质。

（3）气体继电器安装前应由专业人员检验，动作可靠，绝缘、流速检验合格。

（4）气体继电器连接管径应与继电器管径相同，其弯曲部分应大于 90°（其中管径为 $\phi25$ 的用于有载分接开关，管径为 $\phi50$ 的用于 800～6300kVA 变压器，管径为 $\phi80$ 的用于 8000kVA 及以上变压器中）。

（5）继电器应垂直安装在变压器箱盖上，并使变压器内部的故障气体顺利进入继电器内，以充分发挥继电器的保护作用。

（6）气体继电器先装两侧连接管，连接管与阀门、连接管与油箱顶盖间手工艺连接螺栓暂不完全拧紧，此时将气体继电器电器安装于其间，用水平尺找准位置并使出入口连接管和气体继电器三者处于同一中心位置，后再将螺栓拧紧。气体继电器应保持水平位置；连接管朝储油柜方向应有 1%～1.5% 的升高坡度；连接管法兰密封胶垫的内径应大于管道的内径；气体继电器至储油柜间的阀门应安装于靠近储油柜侧，阀的口径应与管径相同，并有明显的"开""闭"标志。

（7）安装完毕后打开连接管上的阀门，使储油柜与变压器本体油路连通，变压器装油时应开启继电器的放气塞，使变压器油充满保护装置。新变压器静放后应检查继电器内是否缺油，否则应补油（气体继电器的安装，应使箭头朝向储油柜，气体继电器的放气塞应低于储油柜最低油面 50mm，并便于气体继电器的抽芯检查）。

（8）连接气体继电器的二次引线，并做传动试验。

第四节　气体继电器的运维

（1）安装时先取出继电器芯子，拆除运输固定用的绑扎带，检查所有紧固螺钉是否松动，浮子及挡板的运动是否灵活，触点是否可靠开闭，以及引线是否脱落。

（2）经检查与调整后，将芯子放入继电器壳内（壳内必须先用清洁变压器油洗净），然后将继电器安装在变压器油箱与储油柜之间的连接管路中，安装时须特别注意，使继电器上的箭头指向储油柜一侧。

（3）安装完毕后，打开连接管上的油阀，拧下气塞防尘罩，用手拧松气塞螺母，让空气排出，直到气嘴溢油为止，再拧紧螺母。

（4）从气塞处打进空气，可以检查信号触点动作的可靠性。

（5）将罩拧下，按动探针，可以检查跳闸触点动作的可靠性。

（6）继电器接线可按接线图，根据不同要求接线，在穿线时将压线螺母拧松，将电缆从螺母孔中通过胶环穿进接线室，接线后将螺母拧紧，用胶环将电缆夹住，防止进水。

第五节　气体继电器运维巡视相关要求

一、气体继电器功能简介

气体继电器，就像一台监视器一样，当变压器内部发生故障后，可以第一时间迅速检测出来，发出危险信号并切断电路，协助检修人员检测维修故障，从而保护了变压器的安全。有的电力公司，为了节省开支，不在变压器上安装气体继电器，或者是安装了气体继电器，却没有掌握气体继电器的工作原理和安全使用常识。如果不安装气体继电器或者不能正确使用气体继电器，都可能给变压器造成不同程度的损坏。气体继电器是变压器安全运行的基本部件。气体继电器的型号有很多，所以选择什么样的气体继电器，也要根据变压器的实际情况来选择。根据有关文件规定，容量在800kW以上的变压器都应该装有气体继电器。气体继电器的感应能力特别灵敏，对于变压器出现流油、没油、铁芯老化、发热、放电等故障，无论故障大小，都能及时做出反应，为防止发生安全隐患，在变压器上安装气体继电器很有必要，气体继电器是油浸式变压器及油浸式有载分接开关内部故障的一种主要保护装置。气体继电器安装在变压器与储油柜的连接管路上，在变压器或有载分接开关内部故障而使油分解产生气体或造成油流冲动时，使气体继电器的触点动作，以接通指定的控制回路，并及时发出信号或自动切除变压器。

根据气体继电器在面临故障的轻重不同所做出的警报信号的不同，进行了总结。在变压器发生轻微故障时，触发了气体继电器内的部件开口杯和干簧触点，主要表现是变压器发生警报信号，将其称为轻保护部件；当变压器发生严重故障时，在触发开口杯和干弹簧触点的同时触发了气体继电器内的挡板、弹簧等部件，主要表现是变压器跳闸断电，将其称为重保护部件。

气体继电器的型号很多，但都是由开口杯、干簧触点、挡板、弹簧和磁铁等主要的基本部件构成，它安装在变压器箱盖与储油柜的连管上，在正常运行期间，气体继电器充满了油，开口杯漂浮在油里面，干簧触点处于断开状态，一旦变压器发生故障，比如变压器出现流油、铁芯老化、发热、变压器内油体流速超过气体继电器指定值时，故障点产生的高温就会引起变压器附近的油体升温膨胀，油体内的空气被逐出从而形成气泡上升。与此同时，油体和其他物质在触电的作用下也会产生气体，当产生的气体聚集在气体继电器内达到一定值时，或气体的进入使得油量下降到一定值时，开口杯就会逆时针转动，使干簧触点接通，发出警报信号，这是发生轻微故障时气体继电器的反应。当故障较为严重时，就会迅速产生大量的气体，使变压器内部压力突然增加，产生很大的油流向储油柜的方向冲击，气体继电器内的挡板受到油流的冲击后迅速偏转，挡板克服弹簧的阻力，带动磁铁向干弹簧触点方向移动，使气体继电器内的重信号触点接通，作用于保护跳闸。

1. 继电器的使用条件

气体继电器正常工作的最低温度为−30℃左右，最高温度为98℃左右，气体继电器应该水平安装，管路轴线应与变压器箱盖平行，继电器两端的连接油管，应以变压器顶盖为准，保持一定的坡度，允许通往储油柜的一端稍高，但不得有急剧的弯曲和相反的斜度。

2. 密封性能试验

气体继电器安装在变压器箱盖和储油柜的连接管上，所以继电器的周围充满了变压器油，在常温下对其加压至0.15MPa，保持20min左右以后，检查气体继电器的各零部件是否正常，如果各密封处不出现渗漏现象，则表明此气体继电器合格，否则为不合格。当气压降至零以后，检查气体继电器干簧触点有无渗漏痕迹，如果有渗漏痕迹，也视为不合格。在进行试验过程中，为了保证操作安全，探针罩务必要拧紧，直到气压降至零后，方可打开探针罩检查波纹管有无渗漏。

3. 动作于信号的容积整定

当变压器发生轻微故障时，气体继电器就会及时发出信号，让变压器发出警报信号，变压器发出警报信号，主要是气体侵入气体继电器内达到一定值，导致开口杯逆向运动，使干弹簧触点接通，气体继电器开始工作时，气体容积一般控制在250～300mL。试验时，要通过不断改变动作容积来进行可靠动作分析，改变动作容积可通过调整开口杯另一侧重锤的位置，试验次数要达到三次以上，方能进行可靠动作。当气体继电器内的气体达到控制范围内时，应将信号触点接通，容积刻度偏差应控制在0～10%。

4. 动作于跳闸的流速整定

当变压器发生严重故障时，气体变压器就会及时发出信号，让变压器跳闸断电。导致变压器跳闸的主要因素就是油流速，当油流速达到规定速度后，就会相继触动气体继电器内的挡板、弹簧、干簧触点发生迅速异常偏转，从而使气体继电器内重信号触点接通，变压器接收到信号后会自动跳闸断电。不同型号的气体继电器流速整定范围也不一样，当气体继电器内的油流因严重故障急剧流向储油柜，且油流速度分别达到相应型号的规定值时，跳闸触点必须立刻接通。在用流速校验设备对气体继电器动作流速值进行测定时，以相同连接管内的稳定动作流速为准，流速整定值的上下限可参考变压器的容量、电压等级、连接管径等参数，重复试验三次以上，每次试验值与整定值的误差要小于0.05m/s。

二、运输与安装

1. 运输

气体继电器是一种精密机械，在运输过程中，一定要谨慎小心，无论是在进厂检验，还是给用户安装的过程中，避免损坏气体继电器的初始性能。

2. 安装

在气体继电器安装使用之前，应对其进行密封试验和触点灵敏度试验，确保在与变压器一同投入使用时，能保证正常工作。并做好气体继电器的定期检验和日常维护工作，保证气体继电器的正常运转。在安装气体继电器时应注意：① 气体继电器应该水平安装，为了便于观测，其观测孔应装在便于监测的一端。② 气体继电器两端的连接油管，应以变压器顶盖为准，保持一定的坡度，并不得有急剧的弯曲和相反的斜度；油管上的油门应装在油枕与气体继电器之间。③ 为防止气体继电器触点烧损，电源正极应与水银触点相连，负极应与水银外的固定触点相连。④ 气体继电器的连接导线应耐油侵蚀。⑤ 在投入运行前，应按制造厂的规定对冷却油的流速进行调整。

三、焊接工艺

继电器很容易受焊剂的污染，所以为了防止焊剂气体浸入继电器，最好使用抗焊剂式继电器，如果想要更好地防止焊剂的侵入，采用预热烘干的方法能取到事半功倍的效果。在使用涂焊剂进行焊接时，应该谨慎小心，以防破坏了继电器本身的性能，抗焊剂式继电器可适用于浸焊或波峰焊工艺，但最大焊接温度和时间应随所选继电器的不同加以控制。

新出厂的继电器安装使用前必须先取出继电器芯，拆除运输固定用的绑扎带。继电器必须经专用的试验装置检验后方可安装使用。挡板一侧装有弹簧，改变弹簧的长度，可以调整跳闸触点动作的油流速度。其余各部件不得随意调动。更换或增添磁铁及干簧管触点附近的零件时，应选用非导磁材料。磁铁不能剧烈振动，不能放在强磁场及超过100℃和低于－40℃的环境中。干簧触点不得随意拆、卸、特别是根部引线不允许任意弯折以免损坏。

四、气体继电器的运行与维护

1. 气体继电器运行时要采取的措施

（1）变压器运行时瓦斯保护应接于信号和跳闸，有载分接开关的瓦斯保护接于跳闸。

（2）变压器在运行中进行如下工作时应将重瓦斯保护改接信号：

1）用一台断路器控制二台变压器时，当其中一台转入备用，则应将备用变压器重瓦斯改接信号；

2）滤油、补油、换潜油泵或更换净油器的吸附剂和开闭气体继电器连接管上的阀门时；

3）在瓦斯保护及其二次回路上进行工作时；

4）除采油样和在气体继电器上部的放气阀放气处，在其他所有地方打开放气、放油和进油阀门时；

5）当油位计的油面异常升高或吸收系统有异常现象，需要打开放气或放油阀门时。

（3）在地震预报期间，应根据变压器的具体情况和气体继电器的抗震性能确定重瓦斯保护的运行方式。地震引起重瓦斯保护动作停运的变压器，在投运前应对变压器及瓦斯保护进行检查试验，确认无异常后，方可投入。

（4）新装变压器或停电检修进行过滤油，从底部注油，调换气体继电器、散热器、强迫油循环装置及套管等工作，在投入运行时，须待空气排尽，方可将重瓦斯保护投入跳闸。但变压器在冲击合闸或新装变压器在空载试运行期间，重瓦斯保护须投入跳闸。

（5）瓦斯保护投跳闸的变压器，在现场应有明显标志，跳闸试验用探针其外罩在运行中不准旋下，须在外罩涂以红漆，以示警告。

（6）户外变压器应保证气体继电器的端盖有可靠保护，以免水分侵入。

2. 气体继电器反措要求

瓦斯保护动作，轻者发出保护动作信号，提醒维修人员马上对变压器进行处理；重者跳开变压器开关，导致变压器马上停止运行，不能保证供电的可靠性，对此提出了瓦斯保护的反措要求：

（1）将气体继电器的下浮筒改为挡板式，触点改为立式，以提高重瓦斯动作的可靠性。

（2）为防止气体继电器因漏水而短路，应在其端子和电缆引线端子箱上采取防雨措施。

（3）气体继电器引出线应采用防油线。

（4）气体继电器的引出线和电缆应分别连接在电缆引线端子箱内的端子上。

变压器瓦斯信号动作后，运行人员必须对变压器进行检查，查明动作的原因，并立即向上级调度和主管领导汇报，上级主管领导应立即派人去现场提取继电器气样、油样和本体油样，分别做色谱分析。根据有关导则及现场分析结论采取相应的对策，避免事故的发生，以保证变压器的安全经济运行。

瓦斯信号动作后，继电器内是否有气体聚集，是区别信号动作原因中油位降低、二次回路故障和空气进入变压器、变压器内部发生故障的最基本原则。因二次回路故障，油位降低引起瓦斯信号动作不可能产生气体，所以当继电器内无气体聚集时，应逐步判断。首先巡视检查变压器是否有严重漏油点，若是，应立即向上级调度和主管领导汇报，采取堵漏措施；若不是，则应判断是否因环境温度骤然下降引起油位降低。此时必须观察变压器油枕油位指示位置是否正常，油道是否阻塞。若不正常，应采取相应措施。若不是上述原因引起，则二次信号回路故障的可能性较大，须检查消除二次回路缺陷。继电器内聚集的气体是空气还是可燃性气体。若继电器内的气体是空气，则应依次判断：是否因换油或补加油时空气进入变压器本体后没有排净；是否因更换变压器热虹吸器吸附剂时净置时间短空气未彻底排净，若是，则采取从继电器放气嘴排气，变压器监督运行；是否因空气从潜油泵进入本体引起信号动作，若是，要用逐台停运试验的方法，判断是从哪台泵处进入空气，申请停泵检修；若继电器内的气体是可燃性气体，则变压器内部存在过热，也可能是放电性故障，或过热兼放电性故障。此时应从继电器处同时取气样和油样（从本体下部取油样）做色谱分析，根据变压器油中溶解气体分析和判断导则判断故障的性质、发展趋势、严重程度，根据分析结论采取继续监督运行或停运吊检处理。鉴定继电器内的气体是空气，还是可燃性气体的方法是收集这些气体，并做点燃试验和色谱分析。

五、气体继电器中气体的鉴别

继电器中气体的鉴别，瓦斯气的点燃与色谱分析。DL/T 572—2010《变压器运行规程》规定：如继电器内有气体，则应记录气量，观察气体的颜色及试验是否可燃并取气样及油样做色谱分析。点燃试验，是将用注射器收集到的气体，用火柴从放气嘴点火，若气体本身能自燃，火焰呈浅蓝色，则是可燃性气体，说明变压器内部有故障。若不能自燃，则是空气，说明信号动作属空气进入造成。色谱分析是指对收集到的气体用色谱仪对所含氢气（H_2）、氧气（O_2）、一氧化碳（CO）、二氧化碳（CO_2）、甲烷（CH_4）、乙烷（C_2H_6）、乙烯（C_2H_4）、乙炔（C_2H_2）等气体进行定性和定量分析，根据所含组分名称和含量准确判断故障性质、发展趋势和严重程度。点燃试验与色谱分析是判断变压器内部有无故障的两种不同方法，目的一致。点燃试验是在没有采用色谱分析对所含气体进行定性定量分析之前规定的一种方法，较简易、粗略。它判断的准确性与试验人员的素质与经验有关，但不能判断故障的性质。自采用色谱法后变压器运行规程中没有取消该方法，其本意应该是想在现场快速地判断变压器有无故障，但受现场人员能否正确收集气体、能否正确点燃、准确判断等因素的限制，收不到预期效果。做点燃试验还是做色谱分析，因气体继电器信号动作容积整定值是250～300mL，从理论上讲，只要信号动作，就能收集到大约250～300mL的气体。用100mL注射器可收集到两管，此时可用一管在现场做点燃试验，另一管做色谱分析。变压器内部故障有时发展很快，产生的气体还未在油中达到饱和便上升聚集到继电器内。若信号动作后没有及时收集，时间太长则部分气体将向油中回溶和逸散损失，所收集气体可能不足100mL，若用一只100mL注射器收集，就不应做点燃试验，应迅速做色谱分析。这与变压器运行规程的规定发生冲突，解决此矛盾的办法是用两只小容量的注射器收集气体（每管不少于10mL）。若变压器与色谱试验室距离较近，则无须做点燃试验。若现场运行人员经过培训，具有收集和做点燃试验的能力，应由运行人员负责此项工作。若不具备此能力，应交有关专业人员负责此项工作。

六、轻瓦斯报警处理措施

（1）变压器投入运行后，气体继电器便以每24h一次的频率轻瓦斯报警。

（2）发现报警后，电力局工作人员取气体继电器集气盒中的气体样本，进行了试验。试验结果：气体无色、无味、不燃烧。另取变压器油样进行了化验。化验结果：油样正常，各项指标无异常。

（3）问题反馈，根据上述现象，分析判断为变压器安装过程中内部有残存气体，运行过程中逐步释放导致。变压器进行了停电检修。检修内容：对变压器重新进行了真空注油、放气、检漏。在变压器各高点位置进行放气，发现冷却系统顶部冷却连接管放出的气体量最大；在储油柜最高油位上施加0.035MPa的压力，观察变压器所有接口法兰及密封焊缝没有发现渗漏现象。

（4）处理完毕，变压器再次投入运行，气体继电器以每48h一次的频率轻瓦斯报警。情况有所好转，但问题仍然存在。

（5）疑似氮气泄漏，关闭了充氮灭火系统中充氮管阀门，轻瓦斯报警现象依然存在。

（6）公司相关人员再次到现场查找原因。现场变压器外观清洁，各接口法兰与密封焊缝处均无漏油现象；储油柜呼吸管阀门开启，无吸湿器；油位计随温度变化正常。

七、气体继电器轻瓦斯保护动作的原理

轻瓦斯保护动作于信号，其动作值按气体容积整定，整定值为 250～300mL。在正常情况下，气体继电器内是充满变压器油的，轻瓦斯触点断开。变压器内部发生缺陷产生气体时，这些气体聚集在气体继电器内而导致开口杯（或浮球）随油面下降。达到定值后触点闭合，发出轻瓦斯报警信号，当变压器漏油或储油柜选型不合理油位补偿不足造成低油位时，也会促使轻瓦斯保护动作，发出报警信号。根据气体继电器轻瓦斯报警的原理和上述问题现象，列出了所有可能导致气体继电器频繁产生气体的原因。按照由易到难，逐项排除的方法分析事故产生的真正原因。

低油位导致轻瓦斯报警一般有漏油现象，或储油柜选型不合理。现场无漏油现象，并且查看图纸储油柜选型无问题，并且现场油位不在最低油位，油位指示正常。排除低油位造成轻瓦斯报警的情况。

八、气体来源于变压器内部

（1）内部故障。变压器内部发生轻微故障会导致变压器油分解产生气体，气体逐渐积聚到气体继电器顶部，造成轻瓦斯报警。内部故障产生的气体多为可燃性气体（H_2、CO、CO_2 及烃类气体），有异味。而现场采集的气样无色、无味、不可燃。排除内部故障导致轻瓦斯报警。

（2）内部残存气体。内部残存气体的原因可能是：变压器安装过程中排气不彻底；真空注油不到位，油中含气量超标；或是变压器结构设计不合理，内部有窝气处。上述原因导致运行过程中气体缓慢析出并汇集到气体继电器处，造成频繁轻瓦斯报警。

（3）氮气泄漏。充氮灭火系统，氮气瓶控制阀门发生故障，氮气逐渐泄漏到变压器内部。现场关闭了充氮管到变压器的所有管路阀门，但集气现象仍然存在，排除氮气泄漏导致轻瓦斯报警的情况。

（4）气体继电器运维人员日常检查要点见表 4-1。

表 4-1　　　　　　　　　气体继电器运维人员日常检查要点

检查要点	检查周期	检查内容
外观	一年	是否正常
信号回路	一年	可靠性
跳闸回路	一年	可靠性
运行继电器装置	两年	开盖检查，内部结构和动作可靠性检查
运行继电器装置	五年	工频耐压试验

（5）气体继电器运维人员日常维护要点见表 4-2。

表 4-2　　　　　　　　　　　　气体继电器运维人员日常维护要点

变压器运行情况	气体继电器操作注意事项
当用一台断路器控制两台变压器，当其中一台转入备用时	应将备用变压器重瓦斯改接信号
变压器在运行中滤油、补油、换潜油泵或更换净油器的吸附剂时	应将其重瓦斯改接信号，此时其他保护装置仍应接跳闸
油位计的油面异常升高或呼吸系统有异常现象，需要打开放气或放油阀门	重瓦斯改接信号

（6）气体继电器处理流程图见图 4-1 和图 4-2。

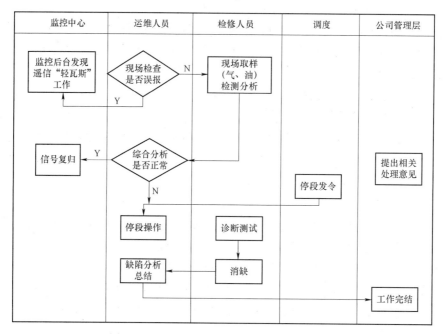

图 4-1　气体继电器轻瓦斯动作处理流程图

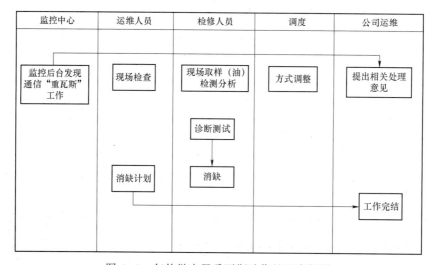

图 4-2　气体继电器重瓦斯动作处理流程图

第六节 气体继电器运维消缺相关要求

一、气体继电器工作原理

气体继电器主要由开口杯、干簧触点、挡板、弹簧和磁铁等部件组成。正常运行时，气体继电器充满油，开口杯浸入油内，处于上浮位置，干簧触点断开。当变压器内部出现匝间短路、绝缘损坏、接触不良、铁芯多点接地等故障时，故障点产生高温引起附件的变压油膨胀，油内溶解的空气被逐出，形成气泡上升，同时油和其他材料在电弧和放电等的作用下电离而产生气体。保护动作分为轻瓦斯动作和重瓦斯动作。当故障轻微时，排出的气体沿油面缓慢上升进入气体继电器，当聚集在气体继电器内＞30mL时，油面下降，开口杯产生以支点为轴的逆时针方向转动，使干簧触点接通，发出警报信号，发生轻瓦斯保护动作；当变压器内部故障严重时，将产生强烈的气体，使变压器内部压力突增，产生很大的油流向储油柜方向冲击，因油流冲击挡板，挡板克服弹簧的阻力，带动磁铁向干簧触点方向移动，使干簧触点接通跳闸，从而避免事故扩大，为重瓦斯保护动作。

气体继电器正常运行时其内部充满变压器油，开口杯（浮子）处于图4-4所示的上倾位置。当变压器内部出现轻微故障时，变压器油由于分解而产生的气体聚集在继电器上部的气室内，迫使其油面下降，开口杯随之下降到一定位置，其上的磁铁使干簧触点打开，接通信号回路，发出报警信号。如果油箱内的油面下降，同样动作于信号回路，发出报警信号。当变压器内部发生严重故障时，油箱内压力瞬时升高，将会出现油的涌浪，冲动挡板。当挡板旋转到某一限定位置时，其上的磁铁使干簧触点打开，接通跳闸回路，不经预先报警而直接切断变压器电源，从而起到保护变压器的作用，外形如图4-3所示。

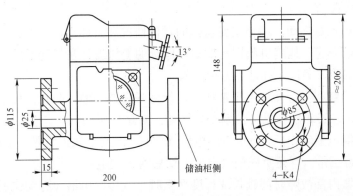

图4-3 气体继电器外形

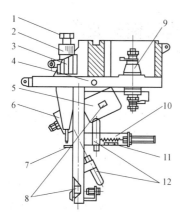

图 4-4　气体继电器芯子结构

1—气塞；2—气塞螺母；3—探针；4—封塞；
5—开口杯（浮子）；6—重锤；7—挡板；8—磁铁；
9—接线端子；10—弹簧；11—调节杆；12—干簧触点

大型变压器最重要的非电量保护装置非气体继电器莫属。以往事实表明，如果变压器装有气体继电器，当变压器发生绝缘性快速分解或是变压器本体发生放电性故障时，气体继电器往往最先做出反应。它能有效减少变压器故障带来的损失。目前市面上主要出售 QJ-25、QJ-50、QJ-80 等几种改进的 QJ 系列的气体继电器，它们的基本结构相同，用哪一种都能起到同样的保护效果。此类产品的型号、规格及技术要求等问题在 JB/T 9647—2014《变压器用气体继电器》中有详细说明。QJ 系列气体继电器在速动油压继电器、皮托继电器、BR-1 型等进口继电器中也有采用。到现在为止，技术工程师仍然没有找到一种非电量保护装置可以取代气体继电器在大型变压器的设置。

二、气体继电器运维要求

（1）变压器运行时气体继电器应有 2 副触点，彼此间完全电气隔离。一套用于轻瓦斯报警，另一套用于重瓦斯跳闸。有载分接开关的瓦斯保护应接跳闸。当用一台断路器控制两台变压器时，当其中一台转入备用，则应将备用变压器重瓦斯改接信号。

（2）变压器在运行中滤油、补油、换潜油泵或更换净油器的吸附剂时，应将其重瓦斯改接信号，此时其他保护装置仍应接跳闸。

（3）已运行的气体继电器应每 2～3 年开盖一次，进行内部结构和动作可靠性检查。对保护大容量、超高压变压器的气体继电器，更应加强其二次回路维护工作。

（4）当油位计的油面异常升高或呼吸系统有异常现象，需要打开放气阀或放油阀时，应先将重瓦斯改接信号。

（5）在地震预报期间，应根据变压器的具体情况和气体继电器的抗震性能，确定重瓦斯保护的运行方式。地震引起重瓦斯动作停运的变压器，在投运前应对变压器及瓦斯保护进行检查试验，确认无异常后方可投入。

（6）经常检查和保持储油柜正常油位，保持呼吸器畅通，防止油位下降缺油引起气体继电器误动作，设法检查循环油泵密封性能，防止负压进气。

（7）气体继电器动作后，应检查继电器气室有无气体、保护装置二次回路有无问题、储油柜油位是否正常、有无负压进气现象，切忌盲目送电。

（8）变压器内部故障时间较长或程度严重时，气体继电器才有动作反应，对早期潜伏性的故障反应不灵敏，需要通过油中气体的色谱分析才能诊断发现，因此要注意做好早期定期设备异常时色谱分析和电气实验，及时掌握设备运行状况。

三、突变压力继电器运维要求

（1）当变压器内部发生故障，油室内压力突然上升，压力达到动作值时，油室内隔离波纹管受压变形，气室内的压力升高，波纹管位移，微动开关动作，可发出信号并切断电源使变压器退出运行。突变压力继电器动作压力值一般为 $25×（1±20\%）$ kPa 小于 DL/T 572—2010 中的要求。

（2）突变压力继电器通过一蝶阀安装在变压器油箱侧壁上，与储油柜中油面的距离为 $1\sim3$m。装有强油循环的变压器，继电器不应装在靠近出油管的区域，以免在启动和停止油泵时，继电器出现误动作。

（3）突变压力继电器必须垂直安装，放气塞在上端。继电器正确安装后，将放气塞打开，直到少量油流出，然后将放气塞拧紧。

（4）突变压力继电器宜投信号。

四、气体继电器动作的处理

（1）瓦斯保护信号动作时，应立即对变压器进行检查，查明动作的原因，是否由积聚空气、油位降低、二次回路故障或变压器内部故障造成的。如气体继电器内有气体，则应记录气量，观察气体的颜色及试验是否可燃，并取气样及油样做色谱分析，可根据有关规程和导则判断变压器的故障性质。若气体继电器内的气体为无色、无臭且不可燃，色谱分析判断为空气，则变压器可继续运行，并及时消除进气缺陷。若气体是可燃的或油中溶解气体分析结果异常，应综合判断确定变压器是否停运。

（2）瓦斯保护动作跳闸时，在查明原因消除故障前不得将变压器投入运行。为查明原因应重点考虑以下因素，做出综合判断：

1）是否呼吸不畅或排气未尽；

2）保护及直流等二次回路是否正常；

3）变压器外观有无明显反映故障性质的异常现象；

4）气体继电器中积集气体是否可燃；

5）气体继电器中的气体和油中溶解气体的色谱分析结果；

6）必要的电气试验结果；

7）变压器其他继电保护装置动作情况。

五、气体继电器缺陷分析

气体继电器是电力设备正常安全运行的有力保证。这一保护装置发生的非正常运行的类别主要有线路接触不良、接线错误、短路、自身材质不达标、抗干扰能力弱等常见问题，具体分析结果如下：

1. 电压互感器的接线缺陷问题

继电保护装置经常发生的运行错误就是电压互感器的接线问题，又分为二次中性点接线错误、回路短路、接地、断线等。这几种故障是互相作用的，一种故障的发生就可能会间接地导致另一种故障的发生。如果出现了零序电压比提高，回路负载降低，这是二次接地故障的典型表现，导致设备短路。如果不加以制止，就会导致变压器的电压逐渐增大，引起设备误动，进而引发二次中性点接线错误。

2. 继电保护装置的抗干扰能力差引起的故障

继电保护装置的工作环境极其复杂，因此对抗干扰能力有很高的要求。就目前我国的具体情况来看，继电器的抗干扰能力较弱，还处在起步阶段。由于其抗干扰能力较差，所以在运行中易受到其他通信设备的干扰而出现电压幅度增加，给逻辑原件的分析造成困扰。

3. 由重瓦斯及轻瓦斯引起的故障问题

（1）气体继电器非正常运作分为重瓦斯保护跳闸和轻瓦斯发出二类保护信号引起动作两种情况。由于重瓦斯动作表现为跳闸，造成的影响和损失相较于轻瓦斯来说较大，所以应重点观察，注意预防。运行不当易引发重瓦斯故障问题主要表现为：

1）呼吸系统不当引起的重瓦斯保护问题；

2）变压器子箱密封不良，进水导致重瓦斯保护动作；

3）电缆短路或者是绝缘不良引起的重瓦斯保护动作；

4）继电器安装不当使得外部电缆绝缘部分损坏引起的重瓦斯保护问题。重瓦斯动作现象多表现为水电机组湿度和变压器负荷较大，这时就会有呼吸器跑油现象发生，最有可能发生在冬季，所以一定要严加预防。如果对于平时三令五申的问题都易忽视而造成恶劣影响，真的是得不偿失。如提高安装质量、定期检查、时刻监督这类小事情在平时一定要高度重视。

（2）由气体继电器干簧接电处的玻璃管破裂和接电器密封不良造成的重瓦斯保护动作不容忽视。干簧玻璃管破裂都发生在同一台变压器的有调节开关的气体继电器上。在对1998年、2004年和2005年发生的三次较大安全事故分析后，是否与继电器的振动幅度较大有关还不得而知，但是提高继电器的质量，有效遏制这一危害的发生还是有借鉴意义的。继电器的密封不良问题在各类继电器上都有出现，表明改进密封性是一个共性问题，应该尽快着手改进实施。有的单位在变压器的外面加上防雨罩，可以有效遏制此类事件的发生，有一定的突破性。

（3）由轻瓦斯引起的缺陷问题。如果不能及时、准确地判断轻瓦斯的频繁保护动作，对于发生较快的故障可能漏判或错判，以至于酿成无法挽回的后果。在制造过程中需要特别改进的是气体继电器的浮筒转轴脱落，引发轻瓦斯频繁动作的问题。轻瓦斯保护装置设置的意义重大，当油位降低时，轻瓦斯会迅速做出判断，向运行人员发出信号以方便及时采取措施制止危害的进一步扩大。变压器负压区或是冷冻系统的负压区进气排气不彻底，是导致轻瓦斯保护频繁动作的一大隐患。这种情况与工作人员正常工作时的情况相矛盾，会干扰工作人员做出正确的职业判断。如果碰巧有其他故障同时发生，极易产生漏判，此时正确的做法应该是处理漏气和残余气体。

六、气体继电器运维消缺注意事项

1. 重视速动油压继电器的保护作用

当变压器本体达到或者超过整定的压力值时，速动油压继电器的反应速度灵敏，压力会迅速上升，可以保护变压器不受损坏。高电压、大容量的变压器加装本装置其保护效果加强。但由于其设置复杂、成本高、销售困难，市面上的生产厂家还没有以此装置来取代气体继电器。

2. 对有载调压开关的气体继电器的设置

这种继电器由于其装置的复杂性，在设置时应该严格遵守国家标准和行业标准。无论是哪种继电器，其保护装置都应该反映压力和油层的冲击情况，如果将来油流控制继电器可以代替气体继电器，油流控制继电器也应该具备油流冲击动作的功能，轻瓦斯保护功能就可以不用保留。这样做不仅可以对有载调压开关进行可靠保护，还可以减少轻瓦斯动作的工作量。

3. 有载调压开关重瓦斯是否投跳闸的判断

对其的决定应该依据具体情况具体分析。如未做改进的气体继电器发生误动的概率很大，就可以暂投信号。将装有有载调压开关的气体继电器进行改良后，其瓦斯保护就可以投跳闸。

4. 对不同变压器的处理

220kV 及以上变压器应该加装有双触点的气体继电器；66kV 及以下的变压器应该加装逐步采用双触点的气体继电器；装有有载调压开关的气体继电器全部取消轻瓦斯回路。

气体继电保护对于继电系统的安全运行起着十分重要的作用，但其检修维护也是一项复杂工作，所以怎样更有效地提高继电器的工作效率是未来工作的中心议题。应该严格规范各个阶层的工作人员。企业员工在上岗之前应该严格培训，要求员工熟练操作故障检修、清扫等工作。故障修检人员更应该提高其工作技能，加强理论知识的学习，用肉眼就可以正确判断故障，从而提高修检效率。我国的科技发展迅速，到目前为止，继电保护已经经历了晶体管阶段、集成电路阶段，目前我国正在经历微机阶段。未来继电保护装置发展的大方向应该是智能化，但技术人员少、技术革新速度慢等问题一直制约着我国继电保护的发展。因此，我国继电保护的发展趋势应该是：发展应用人工智能 AI、保证继电保护技术革新的合理正确、提高处理电力设备非线性的能力。值得一提的是，基于我国广大的消费群体，应大力推广带有客户机/服务器的继电保护装置。

七、气体继电器试验项目

气体继电器在安装使用前应做如下一些检验项目和试验项目：

1. 一般性检验项目

玻璃窗、放气阀、控针处和引出线端子等完整不渗油，浮筒、开口杯、玻璃窗等完整无裂纹。

2. 试验项目

（1）密封试验：整体加油压（压力为 20MPa，持续时间为 1h）试漏，应无渗漏；

（2）端子绝缘强度试验：出线端子及出线端子间耐受工频电压 2000V，持续 1min，也可用 2500V 绝缘电阻表绝缘电阻，摇测 1min 代替工频耐压，绝缘电阻应在 300MΩ 以上；

（3）轻瓦斯动作容积试验：当壳内聚积 250～300cm³ 空气时，轻瓦斯应可靠动作；

（4）重瓦斯动作流速试验。

八、气体继电器的运行

变压器在正常运行时，气体继电器工作无任何异常。关于气体继电器的运行状态，规程中对其有如下规定：

（1）变压器运行时瓦斯保护应接于信号和跳闸，有载分接开关的瓦斯保护接于跳闸。

（2）变压器在运行中进行如下工作时应将重瓦斯保护改接信号：

1）用一台断路器控制两台变压器时，当其中一台转入备用，则应将备用变压器重瓦斯改接信号；

2）滤油、补油、换潜油泵或更换净油器的吸附剂和开闭气体继电器连接管上的阀门时；

3）在瓦斯保护及其二次回路上进行工作时；

4）除采油样和在气体继电器上部的放气阀放气外，在其他所有地方打开放气、放油和进油阀门时；

5）当油位计的油面异常升高或呼吸系统有异常现象，需要打开放气阀或放油阀时。

（3）在地震预报期间，应根据变压器的具体情况和气体继电器的抗震性能确定重瓦斯保护的运行方式。地震引起重瓦斯保护动作停运的变压器，在投运前应对变压器及瓦斯保护进行检查试验，确认无异常后，方可投入。

九、轻瓦斯保护信号动作的主要原因

（1）因滤油、加油或冷却系统不严密以至空气进入变压器。

（2）因温度下降或漏油致使油面低于气体继电器轻瓦斯动作信号触点以下。

（3）器故障产生少量气体。

（4）穿越性短路故障。在穿越性故障电流作用下，油隙间的油流速度加快，当油隙内和绕组外侧产生的压力差变化大时，气体继电器就可能误动作；穿越性故障电流使绕组动作发热，当故障电流倍数很大时，绕组温度上升很快，使油的体积膨胀，造成气体继电器误动作。

（5）电器或二次回路故障。

十、保护装置动作的处理

变压器瓦斯保护装置动作后，应马上对其进行认真检查、仔细分析、正确判断，立即采取处理措施。

（1）瓦斯保护信号动作时，立即对变压器进行检查，查明动作原因，是否因积聚空气、油面降低、二次回路故障或上变压器内部并联造成的。如气体继电器内有气体，则应记录气体量，观察气体的颜色及试验是否可燃，并取气样及油样做色谱分析，可根据有关规程和导则判断变压器的故障性质。色谱分析是指对收集到的气体用色谱仪对其所含的氢气（H_2）、氧气（O_2）、一氧化碳（CO）、二氧化碳（CO_2）、甲烷（CH_4）、乙烷（C_2H_6）、乙烯（C_2H_4）、乙炔（C_2H_2）等气体进行定性和定量分析，根据所含组分名称和含量准确判断邦联性质、发展趋势和严重程度。若气体继电器内的气体无色、无臭且不可燃，色谱分析判断为空气，则变压器可继续运行，并及时消除进气缺陷。若气体继电器内的气体可燃且油中溶解气体色谱分析结果异常，则应综合判断确定变压器是否停运。

（2）气体继电器动作跳闸时，在未查明原因消除故障前不得将变压器投入运行。为查明原因应重点考虑以下因素，做出综合判断：

1）是否呼吸不畅或排气未尽；

2）保护及直流等二次回路是否正常；

3）变压器外观有无明显反映故障性质的异常现象；

4）气体继电器中积聚的气体是否可燃；

5）气体继电器中的气体和油中溶解的气体的色谱分析结果；

6）必要的电气试验结果；

7）变压器其他继电保护装置的动作情况。

十一、气体继电器气体原因分析简表（见表 4-3）

表 4-3　　　　　　　　　　气体继电器气体原因分析简表

故障原因	形成的气体（关键气体）	BGT 4.2 检测仪测量出的故障原因				
		H_2	CO_2	CO	CH_4	C_2H_2
高能量放电（例如电弧、击穿、短路）	C_2H_2，H_2	X	—	—	—	X
低能量放电（例如局部放电、火花放电、电晕放电）	H_2，CH_4	X	—	—	X	—
热故障	C_2H_4，CH_4，H_2，C_2H_6	X	—	—	X	—
参与固体（含纤维素）绝缘	CO，CO_2	—	(X)	X	—	—
气泡	无					

思考题

一、请简述气体继电器的安装工艺。

答：（1）将气体继电器取出，检查容量器、玻璃窗、放气阀、放油塞、接线端子盒、小套管等是否完整，接线端子及盖板上箭头标志是否清晰，各接合处是否渗漏油。

（2）气体继电器密封检查合格后，用合格的变压器油冲洗干净，保证内部清洁无杂质。

（3）气体继电器安装前应由专业人员检验，动作可靠，绝缘、流速检验合格。

（4）气体继电器连接管径应与继电器管径相同，其弯曲部分应大于 90°（其中管径为 $\phi25$ 的用于有载分接开关，管径为 $\phi50$ 的用于 800～6300kVA 变压器，管径为 $\phi80$ 的用于 8000kVA 及以上变压器中）。

（5）继电器应垂直安装在变压器箱盖上，并使变压器内部的故障气体顺利进入继电器内，以充分发挥继电器的保护作用。

（6）气体继电器先装两侧连接管，连接管与阀门、连接管与油箱顶盖间手工艺连接螺栓暂不完全拧紧，此时将气体继电器安装于其间，用水平尺找准位置并使出入口连接管和气体继电器三者处于同一中心位置，后再将螺栓拧紧。气体继电器应保持水平位置；连接管朝储油柜方向应有1%～1.5%的升高坡度；连接管法兰密封胶垫的内径应大于管道的内径；气体继电器至储油柜间的阀门应安装于靠近储油柜侧，阀的口径应与管径相同，并有明显的"开""闭"标志。

（7）安装完毕后打开连接管上的阀门，使储油柜与变压器本体油路连通，变压器装油时应开启继电器的放气塞，使变压器油充满保护装置。新变压器静放后应检查继电器内是否缺油，否则应补油（气体继电器的安装，应使箭头朝向储油柜，气体继电器的放气塞应低于储油柜最低油面50mm，并便于气体继电器的抽芯检查）。

（8）连接气体继电器的二次引线，并做传动试验。

二、请简述安装气体继电器的安全注意事项。

答：（1）在变压器顶部作业时，防止高空坠落。

（2）使用绝缘电阻表严防触电。

（3）宜用 500V 绝缘电阻表测量，防止试验引起的触点绝缘损坏。

（4）防止气体继电器观察窗损坏。

（5）严禁踩踏二次电缆。

（6）检查芯体时不得碰动芯体整定值。

（7）国家电网有限公司"十不干"：

1）无票的不干；

2）工作任务、危险点不清楚的不干；

3）危险点控制措施未落实的不干；

4）超出作业范围未经审批的不干；

5）未在接地保护范围内的不干；

6）现场安全措施布置不到位、安全工器具不合格的不干；

7）杆塔根部、基础和拉线不牢固的不干；

8）高处作业防坠落措施不完善的不干；

9）有限空间内气体含量未经检测或检测不合格的不干；

10）工作负责人（专责监护人）不在现场的不干。

三、简述气体继电器安装前的注意事项。

答：（1）新出厂的继电器安装使用前必须先取出继电器芯，拆除运输固定用的绑扎带，检查所有紧固螺钉是否松动，浮子及挡板的运动是否灵活，触点是否可靠开闭，以及引线是否脱落。

（2）继电器必须经专用的试验装置检验后方可安装使用。

（3）挡板一侧装有弹簧，改变弹簧的长度，可以调整跳闸触点动作的油流速度。其余各部件不得随意调动。

（4）更换或增添磁铁及干簧管触点附近的零件时，应选用非导磁材料。

（5）磁铁不能剧烈振动，不能放在强磁场及超过100℃和低于−40℃的环境中。

四、请列举变压器用气体继电器的基本要求。

答：（1）气体继电器的设备选型、安装和维护应满足有关规程、标准的要求。

（2）气体继电器应选择结构合理、运行业绩良好、动作可靠以及采取了有效防雨防潮措施的产品。

（3）户外变压器（电抗器）的气体继电器（本体、有载开关）均应装设防雨罩，继电器本体及二次电缆进线50mm应被遮蔽，45°向下雨水不能直淋。

（4）二次电缆应选择耐油、屏蔽、绝缘和机械性能好的产品，气体继电器引出电缆不得高于电缆出线盒，防止电缆护套进水倒流；二次电缆与各继电器间应封堵良好，电缆护套应在低点设滴水孔。

（5）应选用符合DL/T 540—2013标准要求的气体继电器，气体继电器防水、防油渗漏，密封性应良好，气体继电器至本体端子箱的电缆不宜设有中间转接。

（6）气体继电器的布置和设置应方便运行巡视、检查和检修。

（7）真空有载分接开关气体继电器应具备气体容积、流速保护，常规油浸式有载分接开关气体继电器宜仅配置流速保护。

（8）换流变压器和500kV及以上交流变压器应选用双浮球结构气体继电器。

（9）为满足拆检需要，气体继电器两侧均应安装阀门，油枕侧阀门应配置波纹管。

（10）流速保护回路应使用单独电缆，不得与其他电气回路共用。

（11）为将气体积聚通向气体继电器，气体继电器或集气连接管应有1%～1.5%的升高坡度。安装方向正确，盖板上的箭头标志清晰指向储油柜。

（12）新气体继电器安装应抽芯检查：内部各螺栓紧固，固定用绑扎带拆除，触点动作正常，各部位密封良好，检查后需用干净变压器油冲洗，安装后需放尽内部气体，外部检查无渗漏油。

（13）新气体继电器校验后运输应重新固定绑扎。

（14）气体继电器检验周期应按状态检修试验规程执行，气体继电器的气体容积、流速保护动作正确，传动试验正确，二次回路电气绝缘试验合格。首检、A级检修时应进行整定值检查、动作特性检验。

（15）油浸式变压器（电抗器）正常运行时，气体容积动作应作用于信号，流速保护应作用于跳闸；对于可能引起运行变压器（电抗器）流速保护误动的工作，应将作用于跳闸的流速保护改信号，包含但不限于更换潜油泵、更换呼吸器硅胶、更换净油器的吸附剂以及打开气阀及调整油位。

（16）当气体继电器发出气体容积保护动作信号时，应立即检查气体继电器，及时取气样检验，以判明气体成分，同时取油样进行色谱分析。

（17）对于利用中性点断路器投切的油浸式电抗器，当其流速保护动作时，与电抗器电气连接最近的系统侧断路器应速断，不得设延时。

五、请简述气体继电器的使用要求。

答：（1）安装时先取出继电器芯子，拆除运输固定用的绑扎带，检查所有紧固螺钉是否松动，浮子及挡板的运动是否灵活，触点是否可靠开闭，以及引线是否脱落。

（2）经检查与调整后，将芯体放入继电器壳内（壳内必须先用清洁变压器油洗净），然后将继电器安装在变压器油箱与储油柜之间的连接管路中，安装时须特别注意，使继电器上的箭头指向储油柜一侧。

（3）安装完毕后，打开连接管上的油阀，拧下气塞防尘罩，用手拧松气塞螺母，让空气排出，直到气嘴溢油为止，再拧紧螺母。

（4）从气塞处打进空气，可以检查信号触点动作的可靠性。

（5）将罩拧下，按动探针，可以检查跳闸触点动作的可靠性。

（6）继电器接线可按接线图，根据不同要求接线，在穿线时将压线螺母拧松，将电缆从螺母孔中通过胶环穿进接线室，接线后将螺母拧紧，使胶环将电缆夹住，防止进水。

六、请简述气体继电器的安装环境条件。

答：（1）严禁在阴雨、下雪天气进行安装工作。

（2）安装时场地四周要清洁，有一定的防护措施。

（3）阴天或冬季安装时，环境温度不应低于0℃。

七、请简述气体继电器安装前需满足的人力资源条件。

答：（1）安装单位组织管理人员、技术人员、施工人员以及制造厂人员到位并熟悉现场及设备情况。

（2）作业人员上岗前，应根据设备的安装特点由制造厂向安装单位进行技术交底；安装单位对作业人员进行专业培训及安全技术交底。

（3）制造厂人员服从现场各项管理制度，制造厂人员进场前应将人员名单及负责人信息报监理备案。

（4）人员岗位职责：

1）工作票签发人：确认工作必要性和安全性；确认工作票上所填安全措施是否正确完备；确认所派工作负责人和工作班人员是否适当且充足。

2）工作许可人：负责审查工作票所列安全措施是否正确、完备，是否符合现场条件；工作现场布置的安全措施是否完善，必要时予以补充；负责检查检修设备有无突然来电的危险；对工作票所列内容即使存在很小疑问，也应向工作票签发人询问清楚，必要时应要求做详细补充。

3）工作负责人：正确组织工作；检查工作票所列安全措施是否正确完备，是否符合现场实际条件，必要时予以补充；工作前，对工作班成员进行工作任务、安全措施、技术措施交底和危险点告知，并确认每一个工作班成员都已签名；严格执行工作票所列安全措施；监督工作班成员遵守本规程，正确使用劳动防护用品和安全工器具以及执行现场安全措施；关注工作班成员身体状况和精神状态是否出现异常迹象，人员变动是否合适。

4）专责监护人：确认被监护人员和监护范围；工作前，对被监护人员交代监护范围内的安全措施、告知危险点和安全注意事项；监督被监护人员遵守《安全工作规程》和现场安全措施，及时纠正被监护人员的不安全行为。

5）工作班成员：熟悉工作内容、工作流程，掌握安全措施，明确工作中的危险点，并在工作票上履行交底签名确认手续；服从工作负责人（监护人）、专职监护人的指挥，严格遵守本规程和劳动纪律，在确定的作业范围内工作，对自己在工作中的行为负责，互相关心工作安全；正确使用施工器具、安全工器具和劳动防护用品。

八、气体继电器需要做哪些试验？

答：（1）轻瓦斯试验将气体继电器放在实验台上固定，（继电器上标注箭头指向储油柜），打开实验台上部阀门，从实验台下面气孔打气至继电器内部完全充满油后关闭阀门，放平实验台，打开阀门，观察油面降低到何处刻度线时轻瓦斯触点导通，轻瓦斯定值一般为 250～300mm，若轻瓦斯不满足要求，可以调节开口杯背后的重锤改变开口杯的平衡来满足需求。

（2）瓦斯试验（流速实验），从实验台气孔打入气体至继电器内部完全充满油后关上阀门，放平实验台，打开实验台表计电源，选择表计上的瓦斯孔径挡位，测量方式选在"流速"，再继续打入气体，观察表计显示的流速值为整定值止，快速打开阀门，此时油流应能推动挡板将重瓦斯触点导通。重瓦斯定值一般为 1.0～1.2m/s，若重瓦斯不满足要求，可以通过调节指针弹簧改变挡板的强度来满足需求。

（3）密闭试验，同上面的方法将起内部充满油后关上阀门，放平实验台，将表计测量方式选在"压力"，打入气体，观察表计显示的压力值数值为 0.25MPa，保持该压力40min，检查继电器表面的桩头根部是否有油渗漏。

九、气体继电器日常巡视需要注意哪几点？

答：（1）气体继电器连接管上的阀门应在打开位置。

（2）变压器的呼吸器应在正常工作状态。

（3）瓦斯保护连接片投入应正确。

（4）储油柜的油位应在合适位置，继电器内充满油。

十、气体继电器维护注意事项有哪些？

答：（1）加强变压器附件的选型、验收等工作。如继电器、冷却器、测温元件等附属设备的选型，特别是应选用抗振性能良好和动作可靠的气体继电器。结合停电逐步更换反向动作值低的双浮球气体继电器。

（2）新安装的气体继电器、压力释放装置和温度计等非电量保护装置必须经校验合格后方可使用。运行中应结合检修（压力释放装置应结合大修）进行校验。双浮球结构气体继电器应做反向动作试验。为减少变压器的停电检修时间，压力释放装置、气体继电器宜备有合格的备品。

（3）在高峰负荷到来之前。应对主变压器特别是室内变压器的散热器进行清理清洗工作。

（4）高峰负荷时，对主变压器要加强运行巡视，加强油位监视。注意室内变压器的通风散热。

十一、变压器瓦斯保护动作后的处理注意事项有哪些？

答： 变压器瓦斯保护动作后应马上对其进行认真检查、仔细分析、正确判断，立即采取处理措施。

（1）瓦斯保护信号动作时，立即对变压器进行检查，查明动作原因，是否因积聚空气、油面降低、二次回路故障或上变压器内部故障造成的。如气体继电器内有气体，则应记录气体量，观察气体的颜色及试验是否可燃，并取气样及油样做色谱分析，可根据有关规程和导则判断变压器的故障性质。色谱分析是指对收集到的气体用色谱仪对其所含的氢气、氧气、一氧化碳、二氧化碳、甲烷、乙烷、乙烯、乙炔等气体进行定性和定量分析，根据所含组分名称和含量准确判断故障性质，发展趋势和严重程度。若气体继电器内的气体无色、无臭且不可燃，色谱分析判断为空气，则变压器可继续运行，并及时消除进气缺陷。若气体继电器内的气体可燃且油中溶解气体色谱分析结果异常，则应综合判断确定变压器是否停运。运行中的变压器要做好，降负载准备，转检修。

（2）气体继电器动作跳闸时，在查明原因消除故障前不得将变压器投入运行。为查明原因应重点考虑以下因素，做出综合判断。

1）是否呼吸不畅或排气未尽；

2）保护及直流等二次回路是否正常；

3）变压器外观有无明显反映故障性质的异常现象；

4）气体继电器中积聚的气体是否可燃；

5）气体继电器中的气体和油中溶解的气体的色谱分析结果；

6）必要的电气试验结果；

7）变压器其他继电保护装置的动作情况。

十二、气体继电器维护保养相关周期多长？

答： 气体继电器应每年进行一次外观检查及信号回路的可靠性和跳闸回路的可靠性检查。已运行的继电器应每两年进行一次内部结构和动作可靠性检查。已运行的继电器应每五年进行一次工频耐压试验。

十三、瓦斯保护动作的几种情况？

答：（1）空气进入变压器。在对变压器进行换油、补充油工作，更换呼吸器硅胶工作，或者强油循环变压器潜油泵密封不良时，如果有空气进入变压器内部，就有可能使轻瓦斯保护动作。变压器内部有较轻微故障产生（如放电或过热）时，也会引起轻瓦斯保护动作。

（2）发生穿越性短路故障。变压器发生穿越性短路故障时，在故障电流作用下，油隙间的油流速度加快，当油隙内和绕组外侧的压力差变大时，气体继电器就可能发生误动作。此外，穿越性故障电流还会使绕组发热，当故障电流倍数很大时，绕组温度上升很快，使油的体积膨胀，造成气体继电器误动作。

（3）二次回路短路。气体继电器二次信号回路发生故障时，包括信号电缆绝缘损坏短路、端子排触点短路，会引起干簧触点闭合，造成气体继电器动作。

（4）油位降至气体继电器轻瓦斯动作值以下。环境温度骤然下降，变压器油很快冷缩造成油位降低，或者变压器本体严重漏油导致变压器油位降低，即所谓油流引起气体继电器信号动作。

十四、关于瓦斯保护运行维护有哪些建议？

答：（1）变压器在运行过程中，瓦斯保护误动涉及设计制造、运行维护、气体继电器运行的可靠性等多方面因素，因此必须采取有力的措施进行全方位、全过程、各环节的有效管理，从而最大限度地防止瓦斯保护的误动作。

（2）应加强变压器附件（如继电器、冷却器、测温元件等）的选型、验收工作，尤其是应选用抗振性能良好、动作可靠的气体继电器。新安装的气体继电器、压力释放装置和温度计等非电量保护装置必须经校验合格后方可投入使用。气体继电器投运之前，以及定检和进行其他涉及气体继电器的工作结束后，运行单位都应对基建、检修（检验）部门提交的安装、试验技术方案、检验报告和整定参数进行严格仔细的审核、验收。

（3）数据统计表明，气体继电器误动作有30%是由绝缘损坏造成的。气体继电器至变压器本体端子箱，以及变压器本体端子箱至继电保护跳闸回路，应使用绝缘良好、无触头、无中转、截面积不小于2.5mm²的电缆连接；同时气体继电器应具备防雨、防震和防误碰的有效措施。

（4）运行中的变压器气体继电器，在进行下述工作时，应将重瓦斯保护改接信号：

1）变压器进行加油和滤油时；

2）更换变压器呼吸器硅胶时；

3）除对变压器取油样和在气体继电器上部打开放气阀门放气以外，在其他所有地方打开放气和放油阀门时；

4）开闭气体继电器连接管上的阀门时；

5）在瓦斯保护及其相关二次回路上工作时。

（5）切实做好主变压器的日常巡视检查工作，注意变压器本体尤其是潜油泵等设备是否有渗油情况，对发现的缺陷和隐患及时上报处理。定期对变压器本体取油样进行色谱分析并对变压器油含气量进行测试，同时做好防止外部空气渗入变压器的相关措施。

十五、气体继电器渗油的处理方法是什么？

答：处理方法如下：

（1）发现油浸变压器气体继电器出现渗油后，在保证安全的前提下，将渗油擦拭干净，并加强巡检，及时记录渗油的种种迹象。这样，为渗油点的查找提供了依据，同时也便于制订合理的处理方案。

（2）准备工具，包括同型号气体继电器一套（含法兰连接的橡胶垫圈）、环氧树脂固化剂一袋、力矩扳手一套、干净的油桶三只，以及其他常规检修工具。

（3）选择检修时间。考虑到各器件及螺栓均有热胀冷缩的特性，所以安排在冬季进行检修最为适宜。

（4）排查常见的渗油点。最常见的渗油点包括气体继电器前后法兰和各个接线端子。

（5）做好检修的前期工作，包括：办齐票证，复核技术及组织措施；关闭油枕和气体继电器之间的阀门，底部放油阀清洁干净；对变压器进行放油，将油放至从气体继电器观察窗口看不到油位为止。

（6）开始检修。检修一般分为两步。先检查法兰连接部位，特别是密封橡胶圈是否失效或缺损、连接螺栓是否完好无损。如果法兰连接部位存在渗油，则进行更换，否则应用力矩扳手重新紧固，并确保油浸变压器气体继电器的安装保持在水平位置，连接油管朝储油柜方向升高坡度 $1° \sim 5°$，储油柜支架及法兰连接管道受力正常。再检查接线端子，具体方法为，打开气体继电器上部螺栓，将继电器抽芯，检查接线端子及放气阀螺栓，确定渗油点后进行处理。

（7）处理渗油点后，将经检验合格的变压器油从变压器储油柜中注入，加至储油柜刻度线上油位温度线和变压器温度表温度指示一致为止。加油后要静止 24h，方可将变压器投入运行。变压器投入运行前，应进行绝缘电阻值测试和轻、重瓦斯保护动作试验。

十六、轻瓦斯报警可能哪些原因造成的？

答：（1）低油位导致轻瓦斯报警一般有漏油现象，或储油柜选型不合理。现场无漏油现象，并且查看图纸储油柜选型无问题，并且现场油位不在最低油位，油位指示正常。排除低油位造成轻瓦斯报警的情况。

（2）气体来源于变压器内部

1）内部故障。变压器内部发生轻微故障会导致变压器油分解产生气体，气体逐渐积聚到气体继电器顶部，造成轻瓦斯报警。内部故障产生的气体多为可燃性气体（H_2、CO、CO_2 及烃类气体），有异味。而现场采集的气样无色、无味、不可燃。排除内部故障导致轻瓦斯报警。

2）内部残存气体。内部残存气体的原因可能是：变压器安装过程中排气不彻底；真空注油不到位，油中含气量超标；或是变压器结构设计不合理，内部有窝气处。上述原因导致运行过程中气体缓慢析出并汇集到气体继电器处，造成频繁轻瓦斯报警。

3）氮气泄漏。充氮灭火系统，氮气瓶控制阀门发生故障，氮气逐渐泄漏到变压器内部。现场关闭了充氮管到变压器的所有管路阀门，但集气现象仍然存在，排除氮气泄漏导致轻瓦斯报警的情况。

（3）气体来源于变压器外部

气体若来源于外部，通常是因为变压器内部产生了负压，负压导致了外界空气的进入。而变压器产生负压的原因，大概有以下几种情况。

1）储油柜呼吸不畅。储油柜主要用来补偿变压器油因温度变化而产生的热胀冷缩体积变化，及时平衡油箱内部压力。若储油柜呼吸不畅，变压器油温度降低时，体积得不到补偿，便会导致变压器内部会产生负压，外部空气会从密封不严处进入变压器。现场观察储油柜呼吸管路，没有接呼吸器且呼吸管阀门处于打开状态，不存在呼吸管路阻塞的问题；观察油位计，油位明显随温度变化而变化，判断储油柜内部波纹管也无卡滞现象。排除储油柜呼吸不畅导致轻瓦斯报警的情况。

2）气体继电器安装不良。气体继电器安装密封不严，本台产品现场安装时曾更换过气体继电器集气铜管。在温度降低时，变压器油冷缩，变压器油由储油柜流入变压器时，外部空气可能从铜管密封不严处随变压器油进入变压器内部，此种情况进入的空气量不会很大。停电检修时，冷却连接管高点处释放出大量气体与这种现象不符。

3）潜油泵运行时产生负压。潜油泵运行时，进油方向会产生一定负压，外界空气可能会从密封不严处进入变压器。经落实，冷却器现场安装时，由于硬连接较多，开关侧冷却器安装比较困难，可能存在密封不严的情况。变压器安装完毕，要从高点多次放气，密封垫圈可能受损，存在密封不严情况。停电检修时，从冷却联管高点放出大量气体。确认冷却系统管路密封存在问题，潜油泵运行时负压导致外界空气进入变压器内部。

十七、气体继电器调试包括哪些方面？

答：气体继电器是油浸式变压器的重要保护装置，因此运行部门均有特殊规定，诸如必须经检验部门调试、整定及出具证明后方可投入使用，故调试和油速整定工作应按有关规定执行。

（1）气体容积量的调整

改变干簧触点的位置，可以调节信号触点动作的气体容积，干簧触点上移时气体容积量减少，干簧触点下移时气体容积量增大。调整后应拧紧锁牢螺钉。

（2）油速调整

调节与弹簧连接的调节杆可改变挡板弹簧的拉力，即可改变跳闸触点动作的油流速（继电器出厂时已整定好，其数值见出厂检验报告），调整后应锁牢螺母。触点动作油流速整定工作应由专业人员在专用流速校验设备上进行。

（3）挡板旋转角调整

调节止挡螺钉可以改变挡板的旋转角，即可调节磁铁与干簧触点间距离（0.5～1.0mm），借以保证干簧触点可靠开闭。

（4）从气嘴处打入气体，可以检查信号触点的动作可靠性。

（5）将探针罩拧下，按动探针，可以检查跳闸触点动作的可靠性。

（6）在运行中采集气样时，首先拧下气塞防尘罩，然后将气样瓶胶管插在气嘴上，再拧松气塞螺母，气样即可充入瓶内，采样后再拧紧螺母回装防尘罩。

第五章

气体继电器故障处理及案例解析

第一节　气体继电器故障处理

一、引起重瓦斯动作的原因归类

（1）厂家工艺品质不达标，干簧触点及相应接线绝缘时好时坏，干簧管密封不良等。

（2）多台潜油泵同时投运产生的油流冲击可能引起重瓦斯保护误动。

（3）气体继电器探针设计不合理导致主变压器重瓦斯保护误动作。

（4）气体继电器内的绝缘油温度过低（低于凝结点）而凝固，当变压器负载增大或变压器外部气压降低使呼吸器呼吸后，推动气体继电器及连接管内已经凝结的油向储油柜移动，凝结的油带动气体继电器挡板，造成重瓦斯保护动作。

（5）变压器呼吸系统堵塞（呼吸器密封盲垫未取，呼吸器硅胶粉末过多，封油杯内加油过多导致呼吸口粘死），工作人员更换呼吸器时如变压器内部为正压，器身内的油急速流向油枕，造成瓦斯误动。

（6）变压器检修过程中器身本身没有充分排气，投运后器身中的气体如形成较大气泡，流经挡板时形成"打嗝"，造成重瓦斯误动。

（7）对运行中的变压器进行带电补油工作时，注油位置在瓦斯安装位置以下，注油过程中导致重瓦斯动作。

（8）分接开关检修后瓦斯未复归。

（9）变压器散热器上部阀门关闭，下阀门打开，当短时间内散热器底部油流向主变压器本体时，大量油流向储油柜造成重瓦斯动作。

（10）波纹式储油柜卡涩，压力达到一定值时突然快速运动，形成突然变化的油流，当油流达到气体继电器动作整定值时，造成气体继电器出口跳闸。

（11）重瓦斯信号触点绝缘强度降低，当达到某一极限时造成回路导通误动。

（12）干簧管渗油，由于干簧触点一端长期通负电吸附碳杂质等，造成绝缘性能降低，回路导通误动。

（13）干簧触点松动、距离偏小，当主变压器有振动时导致干簧触点抖动，造成回路导通误动。

（14）合闸励磁涌流引起主变压器线圈、器身振动所形成的油流扰动以及油箱振动两者共同作用，可能引起主变压器重瓦斯保护动作。

（15）在较大的穿越性短路电流作用下，变压器绕组或多或少地产生辐向位移，使一次绕组和二次绕组之间的油隙增大。油隙内和绕组外侧产生一定的压力差，使油产生流动。当压差变化较大时，气体继电器可能误动。

（16）双浮子气体继电器的反向动作值低，反向油流较大引起重瓦斯保护动作。

二、变压器（电抗器）本体轻瓦斯报警处置流程

变电运维人员接到调控中心（或运维人员自行发现）××变电站××主变压器（电抗器）本体轻瓦斯发出的信息后，应开展以下工作：

（1）变电运维人员应第一时间将相关变压器（电抗器）轻瓦斯发信的简要信息汇报本单位生产指挥中心；

（2）生产指挥中心接到汇报后，应立刻通知检修和运维单位，组织专业人员赶赴现场检查，同时将简要信息上报本单位运检部；

（3）变电运维人员应按无人值守变电站应急响应相关要求赶到现场，在15min内完成以下内容的检查，并将现场详细检查判断情况汇报生产指挥中心：

1）检查气体继电器内是否有气体；

2）检查变压器（电抗器）油位、油温、运行声音是否正常；

3）检查变压器（电抗器）是否存在明显的漏油情况；

4）对于强油循环变压器（电抗器），还应检查冷却系统运行情况；

5）核对就地、后台瓦斯告警是否一致；

6）检查变压器（电抗器）各侧电流是否有异常；

7）检查变压器（电抗器）近期检修缺陷信息。

（4）生产指挥中心将初步检查判断情况通知检修单位并要求其进行现场复核，同时汇报本单位运检部。

（5）变电检修人员到达变电站现场后，在15min内按第（3）条检查内容进行复核，并将复核判断情况汇报生产指挥中心。

（6）生产指挥中心根据现场复核情况，及时按照生产信息报送流程汇报，并组织现场处理。

（7）检修人员根据处理方案进行现场处理。

（8）检修人员处理完毕并经运维人员验收后，汇报生产指挥中心。检修单位在处理完毕后一个工作日内，提交正式的处理分析报告。

（9）生产指挥中心接到报告后上报本单位运检部进行审核，并由其制定后续跟踪运维措施。

（10）生产指挥中心督促检修、运维单位及时反馈后续的跟踪检测分析情况。

三、变压器（电抗器）本体轻瓦斯报警检查处理方案

（一）报警分类

1. 非正确报警

本体气体继电器内无气体，气体继电器内上浮子（浮杯）位置正常。

2. 正确报警

本体气体继电器有气体，气体容积已超过气体继电器轻瓦斯的整定值。

（二）非正确告警的检查与处理

（1）临时申请变压器（电抗器）本体重瓦斯跳闸改信号。

（2）检查瓦斯二次回路的受损、绝缘情况，并做出相应处理。

（3）检查瓦斯防雨措施是否完善，并做出相应处理。

（4）检查气体继电器上浮子（浮杯）是否在正确位置，并做出相应处理。

（5）现场检查处理结束后，按要求将重瓦斯由信号改跳闸。

（6）开展一次离线色谱分析。

（三）正确告警的检查与处理

（1）检查气体颜色，取气样，并对气体可燃性进行试验，开展气样色谱分析，有条件的还可以开展气体成分定量分析，如含氧量等，确认是否为空气。

（2）取离线油样，开展色谱、微水及含气量测试工作，进行绝对值和纵向数据比对。

（3）在气样、油样检测分析的同时，检修人员按照自冷或风冷、强油风冷设备，逐条开展变压器外部进气原因核查，如呼吸系统、在线监测油色谱回路、潜油泵负压区渗漏等。

（4）若气样、油样检测数据无异常且无明显变化趋势，基本可以排除变压器内部故障原因，重点开展外部空气进入原因核查及处理。若检测数据存在乙炔、氢气等可燃性气体，怀疑内部存在潜伏性故障，应尽快拉停设备，进行诊断性试验。

（5）综合上述外部进气原因检查，若发现明确的外部进气原因，则开展相应的处理工作；若暂未发现进气疑似点，变压器可以考虑继续运行，并开展以下工作：监控中心应加强对该设备后续轻瓦斯信号的监控，变电运维人员结合巡视加强对该设备的现场巡视检查，重点关注轻瓦斯是否重复发信，发信是否有缩短趋势，若有异常及时汇报处理。

（6）上述各种情况处理完成后，开展在线数据对比分析、缩短离线油色谱分析周期以及开展必要的带电诊断性试验，根据结果调整相应的检修运维策略。

近年来各电力企业时常发生由于变压器气体继电器误动而引起变压器跳闸的故障，使电力系统和变压器可靠运行水平以及电力用户供电可靠性都受到影响；同时保护装置对反映变压器绕组匝间短路或内部绝缘电弧故障具有高度灵敏性和重要作用，一旦误动必须彻底查清误动原因，变压器无故障后方可投运，增加了大量现场工作，因此必须采取措施杜绝气体继电器误动。

本章基于国内生产单位、科研机构等对重瓦斯保护误动故障案例，选取典型案例进行分析，并针对不同故障案例提出相应的应对措施，为保障后期变压器安全稳定运行奠定基础。

第二节　典型气体继电器故障案例解析

案例一：500kV 变压器气体继电器误动作案例解析

（一）气体继电器动作概况

某年 10 月 19 日，某 500kV 变电站主变压器 A 相重瓦斯保护动作跳闸，该变压器已投入运行 11 个月。10 月 19 日 6 时 29 分发出 A 相本体轻瓦斯报警信号。现场检查气体继电器内无气体，变压器运行声音正常，无放电声响，变压器各侧电流均正常，变压器油温为 30℃，油位计指示油位正常。9 时 50 分左右，主变压器跳闸。

（二）气体继电器动作原因分析

1. 气体继电器结构

本变电站变压器选用的气体继电器为双浮子气体继电器，该继电器与挡板式气体继电器的最大区别是它具有两个浮子，在继电器内呈上、下分布，具体结构如图 5-1 所示。

该型气体继电器的保护功能共有 3 个：

（1）轻瓦斯动作（报信号）；

（2）重瓦斯动作（正常运行中投跳闸）；

（3）低油面动作（与重瓦斯共用触点，正常运行中投跳闸）。

它的动作条件为：当气体继电器顶部聚气达到定值（一般为 250～300mL）时轻瓦斯保护动作；当瓦斯内的油流速达到整定值（范围为 0.7～1.5m/s，对于强迫油循环的变压器推荐整定值为 1.1～1.5m/s）时挡板重瓦斯保护动作；当变压器

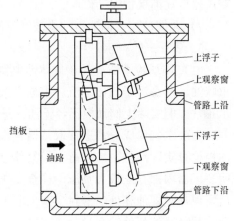

图 5-1　双浮子气体继电器结构图

由于漏油等原因严重缺油而可能暴露铁芯时，下浮子随油面不断下降，达到定值时触发低油面重瓦斯保护。

2. 气体继电器误动作初步分析

本案例中变压器内部没有电气故障的情况下，变压器主保护的轻、重瓦斯都发生误动作，结合现场实际情况及时候变压器检查进行误动作原因分析。

（1）轻瓦斯误动作的原因。

1）强油循环的变压器潜油泵密封不良，油泵工作时产生的微负压导致空气进入变压器本体循环，聚集在气体继电器内造成轻瓦斯保护动作。

2）二次回路缺陷导致气体继电器信号误动。

3）呼吸器下端的密封胶垫未拆除造成变压器内部存在负压，气体继电器内油气浮

动，可引起轻瓦斯动作报警。

4）密封垫老化和破损，法兰结合面变形，油循环系统进气，潜油泵滤网堵塞，焊接处砂眼进气等造成轻瓦斯保护动作。

（2）重瓦斯误动作的原因。

1）双浮子气体继电器的反向动作值低，反向油流较大引起重瓦斯保护动作。

2）合闸励磁涌流引起主变压器线圈、器身振动所形成的油流扰动以及油箱振动两者共同作用，可能引起主变压器重瓦斯保护动作。

3）在较大的穿越性短路电流作用下，变压器绕组或多或少地产生辐向位移，使一次绕组和二次绕组之间的油隙增大。油隙内和绕组外侧产生一定的压力差，使油发生流动。当压差变化大时，气体继电器可能误动。

4）气体继电器内的绝缘油温度过低而凝固，当变压器负载增大后，推动气体继电器及联管内已经凝结的油向储油柜移动，凝结的油带动气体继电器挡板，造成重瓦斯保护动作。

5）多台潜油泵同时投运产生的油流冲击可能引起重瓦斯保护误动。

6）气体继电器探针设计不合理、内部干簧触点玻璃管破碎、接线盒密封不良导致主变压器重瓦斯保护误动作。

7）金属波纹式储油柜的内波纹管滑道卡涩引起油流突变造成气体继电器动作。

3. 原因分析

（1）现场检查情况。该气体继电器为双浮子结构，事后对变压器进行检查，内部严重缺油，两个浮子均已下沉。根据事故现象，初步分析是油位计指示错误，虽然油位指示正常，但实际上储油柜已经无油，导致管路内严重缺油。

为确定气体成分，进行取气检查。取气时却发现气体继电器内为负压。之后打开储油柜检查实际油位，结果有大量气体进入储油柜，而实际油位与油位计指示一致。这表明变压器内部存在较大负压。检查变压器的呼吸情况，发现呼吸器无呼吸。拆除呼吸器后发现呼吸器油杯处的密封盲垫未取下，此胶垫用于呼吸器运输中保护吸湿剂不受潮。摘除呼吸器油杯处的密封胶垫并排气后，对变压器进行各项试验，结果均正常，变压器试发成功。日后巡视检查发现储油柜集气盒观察窗处有渗油现象。

（2）负压形成原因分析。

1）负压形成的原因。在这次故障中，储油柜内有较大负压是导致变压器跳闸的直接原因。呼吸器是变压器内部与外界联系的唯一通道，起着吸湿、平衡压力的作用。呼吸器堵塞造成了内部产生负压。其可能原因有以下两种：

a. 变压器注油时温度较高，储油柜内的油位及空气温度也都较高，安装呼吸器后，由于盲垫未摘除导致储油柜无法呼吸。温度降低后，油位下降，空气温度降低，从而导致胶囊内的密闭空气压强变小出现负压。盲垫将呼吸器本体的进气口堵住，但压接不太紧密，当储油柜内空气的温度升高时空气体积膨胀，气压增大，将盲垫冲开进行呼气；当储油柜内的空气温度降低时，空气体积变小，气压减小，轻贴在呼吸器进气口的盲垫由于负压作用紧贴在进气口处，使空气不能进入。简而言之，相当于形成了一个只能呼气不能吸气的单向气阀，从而导致负压产生。

b. 下面通过计算来验证原因的可能性。

根据此型号变压器的油位油温曲线可得出相关数据，见表 5-1。

表 5-1　　　　　　　　　　油位—油温对应关系

油温（℃）	0	10	20	30	40	50	60	70	80
油位（%）	23	32	38	46	53	60	68	75	83

假设变压器储油柜的总体积为 L，查询记录表明注油时的油温为 55℃，运行中的最高油温为 65℃，现取油温为 55℃，即 T_1=273.15+55=328.15℃。由表 5-1 可得此时油位为 64%，则气体体积 V_1=0.36L，此时胶囊内的气压为 1 个标准大气压 P_1=101 325Pa。

主变压器跳闸时的油温为 30℃，即 T_2=273.15+30=303.15℃。由表 5-1 可得此时油位为 46%，则气体体积 V_2=0.54L。胶囊内的气体温度与油温相同。

根据理想气体的状态方程

$$\frac{PV}{T}=C$$

可得，当油温为 30℃时，胶囊内的气体压力为

$$P_2=\frac{P_1V_1T_2}{T_1V_2}=\frac{101\ 325\times0.36L\times303.15}{328.15\times0.54L}=62\ 403\text{Pa}$$

胶囊内外的压力差：$\Delta P=101\ 325-62\ 403=38\ 921$Pa。

取油的密度 ρ=846kg/m³，重力加速度 g=9.8m/s²，根据 $P=\rho gh$ 可算出压差能够维持的油柱高度

$$h=\frac{38\ 921}{846\times9.8}=4.69\text{m}$$

而储油柜的油位比气体继电器高出约 1m，小于 4.69m。

经过计算，油温差引起的压差能够产生足够的负压使得各放气部位进气。因此这两种可能原因都是存在的。

2）负压形成的原因。如果储油柜能够对变压器本体进行补油，那么气体继电器将持续发出轻瓦斯报警而不会跳闸。所以，引起跳闸的根本原因是储油柜对本体补油失败。通过分析，补油失败的主要因素有以下两个。

变压器密封受损。如果变压器始终密封良好，那么由于油压的存在，集气盒及气体继电器内将不能存在真空，集气盒内应该是充满油的，因而不会出现缺油的现象。气体继电器及集气盒内出现气体是由于在负压的情况下发生了轻微泄漏，泄漏点在集气盒及以下位置。通过运行监视，变压器呼吸正常后集气盒的观察窗处有渗油痕迹，这就是气体进入集气盒的渗漏点。由于变压器内部为负压，因此空气从泄漏点不断进入集气盒内，出现了集气盒内有大量气体的现象。

集气盒设计结构。正常运行中储油柜的集气盒内是充满油的，其结构如图 5-2 所示。

管路 1 由储油柜通向集气盒,储油柜内的绝缘油通过它向集气盒补油。为了阻止变压器运行中产生的气体进入储油柜内,一般管路 1 的下口较低。管路 2 由集气盒通向气体继电器,集气盒内的绝缘油通过它向变压器本体补油。

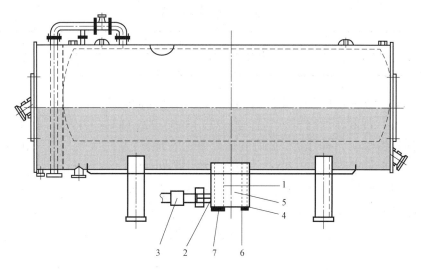

图 5-2　储油柜示意图

1—储油柜通向集气盒的管路;2—集气盒通向气体继电器的管路;3—气体继电器内的气体;

4—绝缘油;5—集气盒内的气体;6—放气管;7—注放油管

　　从图 5-2 中可以看出,管路 2 的下边缘与管路 1 的高度相差不多。当有空气从渗漏点进入集气盒内时,空气聚集在集气盒的顶部,集气盒内的绝缘油通过管路 1 进入储油柜。储油柜的体积约为 6000L,而集气盒、瓦斯及管路内的绝缘油体积不足 50L,因此集气盒、气体继电器及管路内的绝缘油进入储油柜后,储油柜内的负压变化不大。这时储油柜就像一个倒扣的真空杯,在油面低于管路 1 的下口前,油面将一直下降;当油面低于管路 1 的下口时,储油柜内的绝缘油进入集气盒进行补充,但油面不会高于管路 1 的下口。在油面低于管路 2 的上边缘前,瓦斯保护不动作;当油面低于管路 2 的上边缘后,瓦斯及其管路内的绝缘油将随集气盒内的油面共同下降,轻瓦斯信号首先动作。由于管路 1 的下口较低(比低油面报警油位低),当油面低至低油面保护定值时,下浮子动作而触发重瓦斯跳闸。需要注意的是,由于新的绝缘油十分清澈,运行人员用望远镜观察时,油面刚好处于上下窗口之间的金属部分,上下窗口差别不大所以没有观察到油面而误判为无气体。

(三)应对措施

1. 集气盒结构的改进

　　从以上分析可知,呼吸器呼吸不畅可能导致储油柜内有负压,从而导致了此次主变压器误跳。下面对呼吸器呼吸正常时进行分析。假设呼吸器呼吸正常,而潜油泵负压区密封不良导致空气进入。这些气体首先在气体继电器内聚集发出轻瓦斯报警,达到一定程度后，过多的气体将进入集气盒内部而使得集气盒内的油面不断下降。这时集气盒内的气体为正压，它会排挤集气盒内的绝缘油进入储油柜。直至油面低于管路口 1 的下口时，气体才能进入储油柜。前节已经分析，这个过程将引起气体继电器低油面保护动作。因此即使呼吸器呼吸正常，储油柜仍然不能正常补油，同样会引起主变压器误跳闸。

通过以上分析，对于这种结构的集气盒，当集气盒大量集气时储油柜不能正常补油。因此不管呼吸器呼吸是否正常，都有可能引起气体继电器低油面保护动作而导致主变压器跳闸。

原设计的好处是当变压器内部故障产气过多时，能够先于挡板动作，及时跳开变压器。但大多数产气缺陷不必立即将变压器退运。而需要立即退运的缺陷绝大部分都会引起挡板动作，并且变压器内部产气后会发生轻瓦斯报警，检修人员也会立即采取行动。因此，变压器产气不必设跳闸保护。故建议对集气盒内的管路长度进行调整，使管路 1 的下口高于低油面报警油位，为了便于观察瓦斯内的油面建议高于管路 2 的上边缘，如图 5-3 所示。

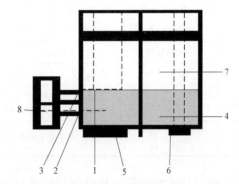

图 5-3　集气盒示意图

1—通向储油柜的管路下口；2—通向气体继电器的管路上口；3—气体；4—集气盒内的油；5—注放油管；6—放气管；7—集气盒内的气体；8—低油面报警油位

这样一来，当集气盒内聚集大量气体时，过量的气体将进入储油柜。管路 2 能够始终处于油面以下，不会引起气体继电器低油面保护动作。从图 5-3 中可以看出，改进后即消除了补油异常的缺陷，又保留了集气盒的原有功能。

2. 运行中的处理措施

通过对双浮子气体继电器的动作行为分析可以看出，对于带有集气盒的储油柜，当双浮子气体继电器发生轻瓦斯报警时，应采取以下措施：

（1）确认气体继电器及集气盒内的油面，防止出现本体补油异常；

（2）检查呼吸器的呼吸是否正常，以防呼吸不畅引起的较大负压；

（3）检查变压器本体渗漏情况及储油柜的油位，确保变压器具有充足的绝缘油；

（4）当气体继电器内的油面低于上观察窗时，应给予特别重视。在这种情况下，确认储油柜油位正常且呼吸通畅后，应考虑通过放气管放出集气盒内的部分气体；

（5）立即取气体分析，确定气体成分，判断缺陷原因，制定检修策略。

案例二：500kV 变压器气体继电器误动作案例解析

（一）气体继电器动作概况

某电厂装机容量为 4×1000MW，每台机组的主变压器采用单相双绕组低损耗油浸升压变压器，强油循环风冷（FOA），无载调压，额定容量为 1110MVA（3×370MVA）。主变压器额定变比为 525±2×2.5%/27kV，接线组别为 YNd11。变压器配备的气体继电器为德国 EMB 生产的 BF-80 型气体继电器。

某年 5 月 24 日 17 时 30 分，该电厂 3 号主变压器检修结束后进行变压器冲击送电，在送电过程中主变压器 C 相重瓦斯保护动作跳开 500kV 侧开关，故障发生后立即组织有关人员对变压器一、二次设备进行检查，检查结果见表 5-2。

表 5-2 检 查 情 况 汇 总 表

序号	检查项目	检 查 结 果
1	主变压器本体检查	本体无油迹，储油柜油位正常，绕组温度和油温均在正常范围内
2	储油柜集气室检查	集气室油位计显示集气室内有气体
3	储油柜检查	储油柜至气体继电器管路畅通，储油柜无渗漏油
4	冷却器检查	工作正常，油泵负压区无渗漏油
5	气体继电器	内部检查无气体，观察窗内油色正常，接线盒内密封良好，无受潮痕迹
6	绝缘油分析	H_2:5；CH_4:1.54；C_2H_6:0.52；C_2H_4:0.66；C_2H_2:0；CO:64；CO_2:206；总烃:2.72；未见明显异常。同时化验绝缘油含气量为 1.2%，在合格范围内
7	储油柜集气室内气体检查	气体检查化验无异常

在进行以上检查后，根据现场检查结果初步判断变压器内部无明显故障和异常，为了保证气体继电器动作的正确性将原气体继电器更换备品后再次对 3 号主变压器进行冲击送电，主变压器受电正常恢复运行。

（二）气体继电器动作原因分析

本变电站变压器配备的气体继电器为德国 EMB 生产的 BF-80 型气体继电器，具体结构如图 5-4 所示。

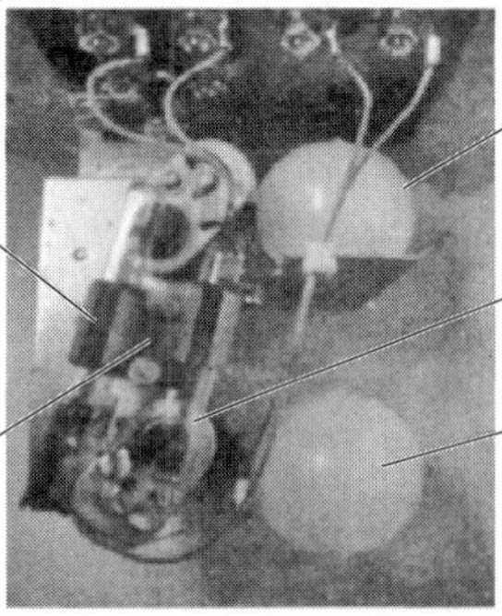

图 5-4 气体继电器结构图

该型号气体继电器安装在变压器主油箱和储油柜之间的连管上，为双浮子结构，双浮子气体继电器的下浮子位于油流主通道上部。正常运行时，气体继电器内充满变压器油。由于浮力，两个浮子都浮起，从而使浮子位于其最上部。该种类型的气体继电器保护功能有 3 个：① 轻瓦斯动作（报信号）；② 重瓦斯动作（正常运行中投跳闸）；③ 低油面动作（与重瓦斯共用触点，正常运行中投跳闸）。

（1）轻瓦斯动作。轻瓦斯动作是由变压器内部产生气体所致，动作过程如图 5-5 所示。动作过程：变压器内产生气体向上游动，集聚在气体继电器内并排除其内部的变压器油。液面下降至轻瓦斯浮子下部导致浮子随之落下，和该浮子连在一起的永久磁铁沿触点滑下。当浮子到达其整定位置，永久磁铁立即使触点动作，发出报警信号。

气体继电器的设计是使其只能容纳一定量的气体体积。若气体继续产生,后续的气体便可能继续往上流动流向储油柜并积存在储油柜的集气盒内,同时下浮子位置保持不动。

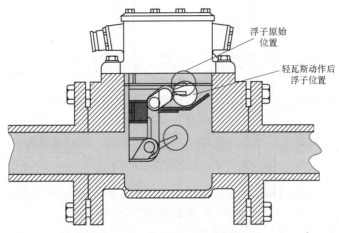

图 5-5 轻瓦斯动作示意图

（2）重瓦斯动作。重瓦斯动作是由变压器内部存在高能量放电产生强烈的气体分解,由此产生的压力导致变压器产生由本体向储油柜方向的强力油流所致,动作过程如图 5-6 所示。动作过程：强力涌流冲向油路中的挡板,如果流速超过挡板的整定值,挡板即向油流方向翻倒,致使触点动作,跳闸信号被释放。

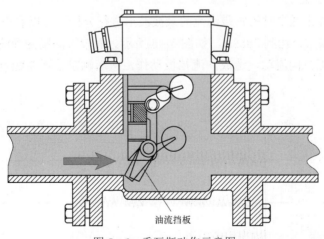

图 5-6 重瓦斯动作示意图

（3）低油位动作。低油位动作是由变压器油严重渗漏导致油面过低所致,动作过程如图 5-7 所示。动作过程：当变压器油严重渗漏,轻瓦斯动作浮子随着油位的下降而下降,下降至一定程度后导致轻瓦斯触点动作。如果变压器油连续流失,油面继续下降造成重瓦斯动作浮子位置下降，当浮子位置到达其整定位置时，低油位浮子上的动作磁铁使触点动作，发出跳闸信号。

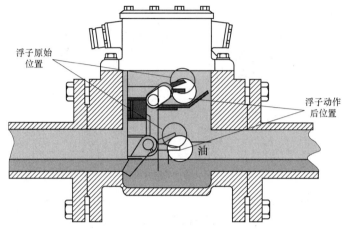

图 5-7 低油位动作示意图

（三）气体继电器误动作原因

根据 3 号主变压器重瓦斯动作后对一、二次设备的检查，可以排除气体继电器绝缘受潮或二次接线错误引起保护动作，同时对变压器本体进行检查以及对变压器油取样进行色谱分析后可以判断变压器本体内部无造成重瓦斯动作的短路放电现象。造成重瓦斯保护动作的原因可以从以下几个主要方面进行分析。

1. 励磁涌流过大

在对变压器冲击送电时的励磁涌流的录波波形进行分析，可以看出 C 相的励磁涌流明显较 A、B 相偏大，达到 2883A，如图 5-8 所示。而较大的励磁涌流也会造成变压器内部油流向储油柜方向流动，造成油流挡板动作，从而触发重瓦斯触点动作。该次检修

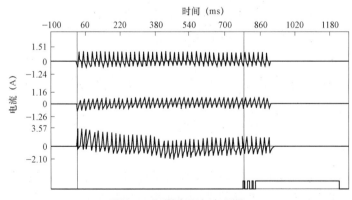

图 5-8 励磁涌流波形图

中 3 号主变压器进行了直流电阻测试,在测试中通入了 10A 的测试电流,而且在测试结束之后未采取消磁措施,变压器内剩磁过大极有可能引起冲击送电时励磁涌流过大,从而引起变压器重瓦斯保护动作。

2. 变压器内部存在气体

重瓦斯动作后对变压器本体检查时发现储油柜集气室内存在气体,对该气体化验无异常。3 号主变压器在检修中未进行任何油处理工作,该气体应是变压器内部残留的气体或者是由于部分负压区(如潜油泵等)渗油导致外部空气进入,而该气体可能在变压器冲击的过程中由变压器本体随冲击产生的油流经过气体继电器,而由于冲击油流较快,夹杂在油流中的气体不会积聚在气体继电器上部,而是经过气体继电器直接到达储油柜集气盒内,而气体在经过气体继电器时极有可能造成下部的重瓦斯动作浮子下降从而引起重瓦斯触点动作。

3. 重瓦斯保护整定值偏低

在重瓦斯保护动作后将原气体继电器拆除并送检,发现该气体继电器重瓦斯保护整定值为 1.1m/s,而根据 DL/T 573—2010《电力变压器检修导则》中的相关规定,120MVA 以上的变压器气体继电器流速整定值应为 1.2～1.3m/s。在变压器冲击送电的时候,由于励磁涌流较大造成主变压器本体至储油柜之间的油流流速也较大,此时如果重瓦斯保护整定值偏低也极易造成重瓦斯保护动作。

(四)应对措施

根据对该次气体继电器重瓦斯保护误动作的分析,对气体继电器及相关附件的使用和维护建议如下:

(1)合闸励磁涌流偏大是造成变压器冲击送电时重瓦斯保护误动作的一个主要原因,合闸励磁涌流偏大不会立即对变压器绕组及器身结构造成严重的不良影响,但容易造成变压器的早期失效、寿命减少,同时也经常造成差动保护误动作、运行机组的功率异常波动等,所以可以考虑在今后增设励磁涌流抑制装置来减少这方面的影响。

(2)定期取油样进行色谱分析和变压器油含气量测试,关注变压器本体尤其是潜油泵等负压区是否有渗油情况,防止外部空气渗入变压器内部。

(3)新安装的气体继电器、压力释放装置和温度计等非电量保护装置必须经校验合格后方可使用,重瓦斯保护整定值应尽量设置在标准定值的上限,防止变压器在冲击送电过程中发生误动。

(4)500kV 变压器的高压绕组直阻测试电流一般以不超过 3～5A 为宜,如果测试电流过大,应采取去磁试验等消磁措施,控制变压器内部剩磁防止造成冲击合闸时励磁涌流过大。

(5)变压器在进行油处理的过程中应严格按照规定进行真空注油和排气,防止油处理过程中有气体遗留在变压器内部从而对变压器的安全运行带来隐患。

案例三：500kV 变压器空载合闸重瓦斯误动故障案例解析

（一）气体继电器动作概况

某年 10 月，某电网 500kV 变电站进行 2 号主变压器保护更换工作结束后复役操作。经一、二次设备检查完成，变压器保护投入运行。在复役过程中使用 2 号主变压器 500kV 开关充电，合闸后 160ms 发生主变压器跳闸。检查发现 2 号主变压器非电气量保护屏上显示 B 相本体重瓦斯保护动作，其他保护均未动作。随后对现场进行主变压器外观检查、二次回路检查、油样检查和录波分析。

现场检查未发现设备异常，2 号主变压器本体外观正常，无渗漏油现象，气体继电器外观正常，内部充满油。二次回路检查结果正常，直流系统绝缘正常。采集 2 号主变压器三相本体油样进行油样分析正常，在确认变压器无故障之后再次试送电成功。故障录波器打印报告显示，主变压器高压侧 B 相电流二次值约为 0.7A（一次值 2800A），A 相、C 相二次值约为 0.3A（一次值 1200A），电流持续时间约为 160ms。故障录波显示主变压器高压侧电流为典型励磁涌流。

（二）气体继电器动作原因分析

该次事故跳闸主变压器在复役之前完成了主变压器保护更换工作。通过检查可以排除内部短路和保护装置的明显故障。

正常情况下重瓦斯动作条件为油流冲击挡板、变压器油面过低导致下浮子下摆或实验探针按下。该次事故后检查变压器油位正常且实验探针无人触碰，故油流冲击挡板或二次回路触点误接通是保护误动的原因。在冲击电流的作用下，内部绕组线圈会瞬间受到较大的电动力，进而使主变压器内部绕组迅速产生形变、位移和振动，并在变压器内产生油流涌动。绕组振动还会使主变压器本体发生振动。继电器浮子、挡板、信号和跳闸触点若不可靠，受到振动后可能会直接误接通跳闸触点。而油流涌动则会冲击气体继电器挡板使其直接动作。

在该案例中合闸后出现数倍于额定电流的励磁涌流，变压器会产生油流涌动和变压器本体振动。事故后检查二次回路及保护装置均无故障，对变压器检查确认无故障后试送电成功。该误动具有偶然性，故二次回路触点受振动误接通和油流涌动冲击造成保护误动的可能性较大。

在相关事故案例中有出现变压器振动导致重瓦斯触点抖动误接通以及油流涌动造成误动的情况，变压器保护误动事故后对气体继电器的抗振性能进行了试验，结果发现在大力敲击时会发生气体继电器的误动作。气体继电器的抗振性能较差的情况下，主变压器振动可能会发生继电器误动作。

（三）应对措施

通过对该案例的事故调查以及相关案例分析，可以发现重瓦斯保护误动作，排除主变压器本体油路堵塞、气体继电器故障、二次回路故障和保护异常等可控因素后，应当主要从变压器励磁涌流消除措施和降低冲击电流产生的变压器振动和油流涌动来考虑。而在实际生产中应做好气体继电器的设计安装和试验工作。

1. 抑制变压器励磁涌流方法

电力系统中电力变压器复役操作充电过程中的励磁涌流普遍存在，具有很大的危害性。目前尚未有保护装置可以完全避免励磁涌流误动作的可能性，且励磁涌流可能会对主变压器本体造成损伤。国外已有因励磁冲击电流过大产生机械应力而导致变压器线圈机械强度降低或损伤的报道。因此采取措施控制变压器励磁涌流是解决问题的根本方法。

降低变压器励磁涌流的最直接方法是通过控制变压器剩磁和偏磁对主磁通的叠加作用，即有效降低主磁通中的初始磁通。初始磁通由剩磁通和偏磁通组成。控制励磁涌流即控制变压器剩磁和偏磁作用。

变压器结合电阻测量时，会在铁芯中存留下很大的剩磁，已投运变压器在停役之后也会产生剩磁通。因此，对 500kV 变压器进行高压绕组的直流电阻测试时，必须限制测试电流。而变压器退出运行时产生的剩磁并不是随机的，该剩磁与前一次切出电网的励磁电流存在一一对应的关系，通过记录在变压器分闸时刻的电流可以准确计算出铁芯剩磁。对比铁芯的时效特性，得出最佳的合闸角度，可以控制励磁涌流不再出现。同时在手动切除变压器的时刻，如果能控制断路器的分闸时刻，就可以控制分闸时刻的电压相位，从而控制剩磁的大小和极性。

在没有剩磁的情况下只要控制断路器在电源电压相位的 90°或者 270°时刻合闸，则变压器空投时不会有励磁涌流。对于可以分相操作的三相变压器，通过计算将每一相分别合闸于电压相位角 90°时刻，可有效控制励磁涌流大小。

采用 PSCAD/EMTDC 软件对不同合闸角下的变压器励磁涌流进行仿真，选取单相双绕组变压器，系统仿真模型如图 5-9 所示。

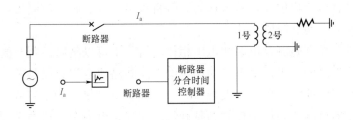

图 5-9　变压器励磁涌流仿真模型

选取合闸时间 0.100s（0°），0.102s（36°），0.103s（54°），0.105s（90°）不同合闸角下变压器励磁涌流波形如图 5-10 所示。仿真结果表明，在合闸角为 0°时变压器产生的励磁涌流将可以达到额定电流的 3.2 倍。随着合闸角的增加，励磁涌流逐渐降低。当合闸角为 90°时，变压器几乎无励磁涌流出现。

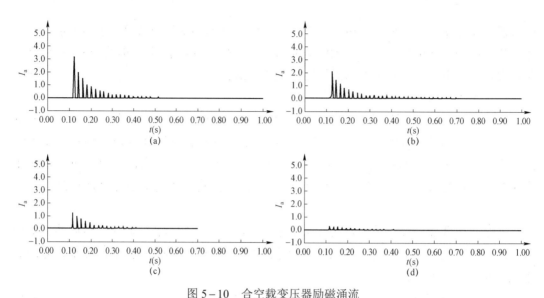

图 5-10　合空载变压器励磁涌流

（a）合闸时间 0.100s；（b）合闸时间 0.102s；（c）合闸时间 0.103s；（d）合闸时间 0.105s

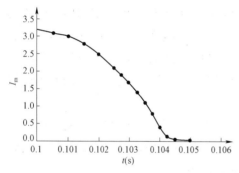

图 5-11　不同合闸角下的励磁涌流分布曲线

采用多组不同合闸角进行励磁涌流仿真，得到在不同合闸角下的励磁涌流数值曲线，如图 5-11 所示。

曲线显示，当合闸角接近 0°或 90°时变压器励磁涌流变化较小。但在半个周期波（10ms）中，若保证合闸角低于 1.7 倍额定电流仍需要控制合闸时间在最佳合闸角的 ±2ms 以内。因此，只有精确控制合闸角在最佳合闸角一定范围内才能有效控制励磁涌流。在有剩磁的情况下采用理想状态合闸角（90°）合闸时其励磁涌流并不为 0。而随着合闸相位的正弦值逐渐接近剩磁比时，励磁涌流呈现逐步减小的趋势。因此，在电力生产中，通过记录变压器上一次退出运行时励磁电流相位及铁芯磁通的时效特性可以唯一确定该剩磁，并通过控制合闸角将励磁涌流减小到最低值。

从理论上讲，在准确测量电源测电压相位的情况下可以精确控制合闸角。但在实际中控制装置的动作时间、出口继电器动作时间以及断路器合闸时间具有一定的分散性，其动作时间误差产生的合闸角误差大于 90°。根据仿真结果，为了有效控制合闸角电流需要依赖对断路器合闸时间精确控制到毫秒级。在三相电力变压器中必须令断路器三相分时分相合闸，但很多断路器在结构上根本无法分相操作。相信随着电力电子技术的发展，采用精确控制合闸角来消除变压器励磁涌流的方法将很快用于生产实际。

2. 变压器冲击电流下的油流涌动分析

除直接控制励磁涌流之外，采取措施降低冲击电流带来的油流涌动问题是解决气体继电器误动作的主要方法。对于电力变压器，即使是在外部穿越性大电流下重瓦斯保护仍然有误动作的可能性。首先，通过改善变压器结构设计降低变压器绕组振动和位移，对冲击电流条件下变压器气体继电器安装点油流测速可以间接反映变压器绕组的稳定性，并作为气体继电器流速整定的重要依据。其次，提高变压器本体的抗振性。绕组的剧烈振动会直接引起变压器本体振动，从而产生更大的油流涌动。

案例四：主变压器气体继电器误动作故障案例解析

（一）气体继电器动作概况

该变电站共有 2 组 1000MVA 的变压器；500kV 共 8 回出线，220kV 共 5 回出线，采用双母线双分段接线。某年 6 月 10 日 19 时 37 分，在安全运行 7 天后，500kV 1 号主变压器在运行过程中，发生了本体重瓦斯动作永久跳闸的不安全事件。跳闸前 2 台主变压器并列运行，跳闸未对电网造成明显影响。500kV 变电站主接线图（主变压器系统）如图 5-12 所示。

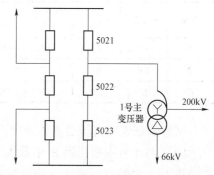

图 5-12 某 500kV 变电站主接线示意图

通过调取现场事故信息，确定事故时各保护及装置的动作情况及信息如下：

（1）某年 6 月 10 日 19 时 37 分，变电站主控室监控机告警显示 1 号主变压器 5021 开关、5022 开关，以及 1 号主变压器 201、601 开关跳闸（201、601 分别为中、低侧开关编号），报文显示"1 号主变压器保护 A 柜 RCS974FG 本体重瓦斯 B 相动作""1 号主变压器非电量保护装置报警"。

（2）1 号主变压器 5021 开关、1 号主变压器/500kV 5022 开关、1 号主变压器 601 开关确已跳开，1 号主变压器 2 号保护屏 RCS-974 本体重瓦斯 B 相动作信号发出，5021、5022 开关操作箱二组跳 A、跳 B、跳 C 灯亮（跳 A、跳 B、跳 C 分别为开关三相跳闸信号灯）。1 号主变压器 5021 开关保护屏、1 号主变压器 5022 开关保护装置无保护出口信号。

（二）气体继电器动作原因分析

1. 气体继电器结构

该变电站气体继电器为挡板式结构，安装于变压器本体与储油柜的连接管路上，在变压器匝间、层间短路，铁芯故障、套管内部故障等使油分解产生或造成油流冲动时，气体继电器触点动作，以接通控制回路，及时发出信号切除变压器。气体继电器结构：上部是一个浮子，下部是一个金属挡板，两部分均装设密封的水银触点。正常运行时，继电器内充满油，浮子浸在油中，处于上浮位置，水银触点断开。下部的上浮子悬于油中，挡板则由于本身重量下垂，水银触点断开。当轻微故障时，产生少量气体，通过邮箱进入继电器上部，压力增加，浮子下降使水银触点闭合，发轻瓦斯动作信号。当变压器内部严重故障时，产生强烈气体，是邮箱压力骤增，产生强大油流，油流会冲击挡板，使之偏转，并带动挡板后的连动杆向上转动，挑动与水银触点卡环相连的连动环，使水银触点分别向与油流垂直的两侧转动，两水银触点同时接通，发出重瓦斯动作信号使开关跳闸，切断与变压器连接的所有电源，起到保护变压器的作用。

2. 气体继电器误动作原因

（1）对变压器本体油样取样分析。6月10日20时20分对主变压器保护，开关动作情况，故障录波情况分析后，对1号主变压器本体进行了取油样工作，并立即化验。色谱试验结果见表5-3。

表 5-3　　　　　　　　　　　　色 谱 试 验 结 果

测试方法：GB/T 17623—2017　　试验仪器：中分 2000-A　　判断标准：GB/T 7252—2001

相别	脱气量	氢气 H_2	一氧化碳 CO	二氧化碳 CO_2	甲烷 CH_4	乙烯 C_2H_4	乙烷 C_2H_6	乙炔 C_2H_2	总烃	结论
A	3.0	4.2	20.3	155.7	0.3	未检出	未检出	未检出	0.3	正常
B	2.4	8.7	18.7	177.8	0.3	未检出	未检出	未检出	0.3	正常
C	2.8	5.7	23.8	373.3	0.6	未检出	未检出	未检出	0.9	正常

试验数据表明变压器本体油样正常，基本可以排除主变压器内部无短路故障发生。

（2）对1号主变压器B相本体气体继电器外部接线进行排查分析。本体气体继电器共使用了3对触点，通过6根电缆芯线引出，轻瓦斯触点1对用于告警，重瓦斯触点2对，1对用于启动主变压器 RCS-974 非电量保护装置跳闸，另一对接入排油充氮装置。

首先，在1号主变压器B相本体端子箱内解开到本体气体继电器的6根芯线，对触点进行检查测试，发现本相2对重瓦斯触点均处于导通状态，因此确认故障范围在本体端子箱到气体继电器侧。其次，用2500V绝缘电阻表检查重瓦斯触点4根芯线的对地绝缘，未发现绝缘性能降低现象，可以基本排除电缆受损的原因；检查2对触点之间的绝缘，未发现绝缘性能降低现象，可以基本排除非电量保护和排油充氮装置之间存在迂回相互干扰的原因。

（3）对1号主变压器B相本体气体继电器本体进行检查分析。在打开继电器接线盒，对1号主变压器B相气体继电器进行检查，发现气体继电器接线盒内部干燥，接线紧固，无靠壳接地现象。通过气体继电器观察孔检查，发现1号主变压器B相本体气体继电器内部上浮子在正常位置，未发生动作，即轻瓦斯未动作，下浮子位于气体继电器下部，挡板已动作，造成重瓦斯保护动作，重瓦斯信号无法复归。

（4）对气体继电器进行校验。通过对气体进行校验，结果显示，由于下浮子有细小裂缝，油逐渐渗入其中，导致质量不断增加，浮子下沉，使得挡板动作，导致重瓦斯动作。

（三）应对措施

通过对该案例分析，可以发现重瓦斯保护误动作，应当主要从变压器密封试验、触点动作试验、水平安装等安装工艺方面考虑，在实际生产中应做好气体继电器的安装和试验工作。

（1）安装前，应进行密封试验和触点动作试验，确认继电器合格。

（2）气体继电器应水平安装，其观测孔应装在便于监视的一侧，其顶盖上标注的箭头应指向储油柜。

（3）气体继电器两端的连接油管，应以变压器顶盖为准，保持 2%～4%升高坡度，并不得有急剧的弯曲和相反的斜度；油管上的油门应装到储油柜与气体继电器之间。

（4）重瓦斯 2 对触点分别作用非电量保护及排油充氮装置，正常情况下，2 对触点同时动作，同时返回。但在此类浮子渗油情况下，2 对触点动作有时间差，由于在实际运行中，排油充氮装置并没有投入运行，装置动作并不作用于跳闸，缺少对装置的监测。

（5）因此，在今后的运行过程中，应加强对排油充氮装置的监测，引入其中的重瓦斯触点作为另一副重瓦斯触点的辅助判据。如排油充氮装置重瓦斯动作，应立即对变压器瓦斯进行检查，避免事故的发生，以保证变压器的安全经济运行。

案例五：主变压器瓦斯保护动作案例解析

（一）气体继电器动作概况

某 500kV 变电站因 HGIS 设备 5003 开关 C 相主变压器侧 50032 隔离开关气室内发生单相接地故障，造成 500kV 3 号变压器跳闸，同时在短路电流的冲击下 500kV 2 号主变压器重瓦斯误动作。系统故障前的运行方式如图 5-13 所示。

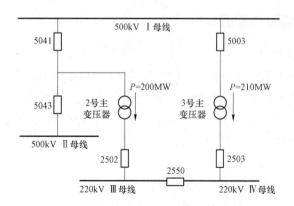

图 5-13 故障前的运行方式

事故发生后，继电保护动作情况为：3 号主变压器第 1 套（第 2 套）纵差、分差速断动作，2 号主变压器本体重瓦斯动作，故障相别均为 C 相。一次设备现场检查情况为：2 号主变压器 C 相气体继电器内重瓦斯浮子落下（说明重瓦斯保护动作），3 号主变压器 5003 开关 HGIS 设备气体压力指示、外观均正常。故障录波得到的故障电流幅值与分布如图 5-14 所示。

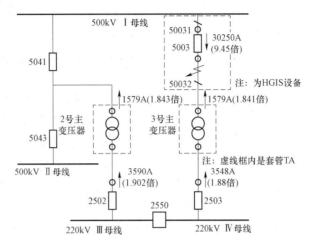

图 5-14　故障电流幅值与分布

　　初步判断故障点位于 3 号主变压器高压侧 C 相套管流变压器与 HGIS 设备之间，属于差动保护区内故障，2 套差动保护均正确动作。2 号主变压器故障电流约为额定电流的 2 倍，属穿越性电流，2 号主变压器未发生故障，而是在 3 号主变压器 HGIS 设备故障时发生了不正确动作。

　　故障后 2h，检修人员对油样进行了精确分析。结果为：2 号主变压器 C 相各项指标均在合格范围内，50032 隔离开关 C 相气室内的 SO_2 值明显大于 5003 断路器 C 相气室，A、B 两相均未检出分解物。据此判断，故障点在 50032 的 C 相隔离开关气室内部，C 相断路器气室内的 SO_2 是由于开断短路电流产生的。

（二）气体继电器动作原因分析

1. 气体继电器结构

　　本变电站 2 号变压器配备有德国 EMB 公司生产的 BF80/10/8 型气体继电器。该型号气体继电器安装在变压器主油箱和油枕之间的连管上，为双浮子结构，双浮子气体继电器的下浮子位于其油流主通道上部。正常运行时，气体继电器内充满变压器油，2 个浮子浮起，位于其最上部。该类型的气体继电器有三种保护功能：

　　（1）轻瓦斯动作（报信号）；

　　（2）重瓦斯动作（正常运行中投跳闸）；

　　（3）低油面动作（与重瓦斯共用触点，正常运行中投跳闸）。

2. 气体继电器误动作原因

　　根据 2 号主变压器重瓦斯动作后对一、二次设备的检查情况，可以排除气体继电器绝缘受潮或二次接线错误引起保护动作的情况。同时，对变压器本体进行检查以及对变压器油取样进行色谱分析，可以判断变压器本体内部无造成重瓦斯动作的短路放电现象。2 号主变压器气体继电器浮子外观如图 5-15 所示。

左边的轻瓦斯浮子呈白色，右边的重瓦斯浮子渗油现象严重，呈黄色。重瓦斯浮子内因渗油导致其浮力（制动力）下降，使得继电器更容易动作（动作值为 0.23m/s，整定值为 1.0m/s）。合闸冲击、穿越性故障电流等因素均会引起变压器内部油流涌动进而造成气体继电器误动。特别是强油循环的变压器或者负荷较重的变压器，上下层温差迫使变压器内部油流的速度加快，在正常运行中都有可能会造成气体继电器误动。

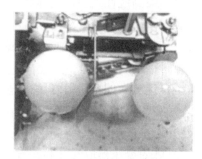

图 5-15　2 号主变压器继电器浮子外观

本事故正是由于 3 号主变压器 50032 气室击穿后，因渗油的浮子制动力大幅度下降，2 号主变压器 220kV 侧经由 2 号主变压器流向故障点的穿越性电流造成油流涌动或振动，导致了 2 号主变压器 C 相气体继电器误动，且动作后由于浮子内渗油使得重气体继电器不能返回。

本故障还分析目前导致瓦斯保护动作的四种情况，在此简要介绍：

（1）空气进入变压器。在对变压器进行换油、补充油工作，更换呼吸器硅胶工作，或者强油循环变压器潜油泵密封不良时，如果有空气进入变压器内部，就有可能使轻瓦斯保护动作。变压器内部有较轻微故障产生（如放电或过热）时，也会引起轻瓦斯保护动作。

（2）发生穿越性短路故障。变压器发生穿越性短路故障时，在故障电流作用下，油隙间的油流速度加快，当油隙内和绕组外侧的压力差变大时，气体继电器就可能发生误动作。此外，穿越性故障电流还会使绕组发热，当故障电流倍数很大时，绕组温度上升很快，使油的体积膨胀，造成气体继电器误动作。

（3）二次回路短路。气体继电器二次信号回路发生故障时，包括信号电缆绝缘损坏短路、端子排触点短路，会引起干簧触点闭合，造成气体继电器动作。

（4）油位降至气体继电器以下。环境温度骤然下降，变压器油很快冷缩造成油位降低，或者变压器本体严重漏油导致变压器油位降低，即所谓油流引起气体继电器信号动作。

（三）应对措施

变压器在运行过程中，瓦斯保护误动涉及设计制造、运行维护、气体继电器运行的可靠性等多方面因素，因此必须采取有力的措施进行全方位、全过程、各环节的有效管理，从而最大限度地防止瓦斯保护的误动作。

（1）应加强变压器附件（如继电器、冷却器、测温元件等）的选型、验收工作，尤其是应选用抗振性能良好、动作可靠的气体继电器。新安装的气体继电器、压力释放装置和温度计等非电量保护装置必须经校验合格后方可投入使用。气体继电器投运之前，以及定检和进行其他涉及气体继电器的工作结束后，运行单位都应对基建、检修（检验）部门提交的安装、试验技术方案、检验报告和整定参数进行严格仔细的审核、验收。

（2）数据统计表明，气体继电器误动作有 30% 是由绝缘损坏造成的。气体继电器至变压器本体端子箱，以及变压器本体端子箱至继电保护跳闸回路，应使用绝缘良好，无接头、无中转，截面积不小于 2.5mm^2 的电缆连接；同时气体继电器应具备防雨、防振和防误碰的有效措施。

（3）运行中的变压器气体继电器，在进行下述工作时，应将重瓦斯保护改接信号：

1）变压器进行加油和滤油时；

2）更换变压器呼吸器硅胶时；

3）除对变压器取油样和在气体继电器上部打开放气阀门放气外，在其他地方打开放气和放油阀门时；

4）开闭气体继电器连接管上的阀门时；

5）在瓦斯保护及其相关二次回路上工作时。

（4）切实做好主变压器的日常巡视检查工作，注意变压器本体尤其是潜油泵等设备是否有渗油情况，对发现的缺陷和隐患及时上报处理。定期对变压器本体取油样进行色谱分析并对变压器油含气量测试，同时做好防止外部空气渗入变压器的相关措施。

案例六：220kV 变压器气体继电器误动作案例解析

（一）气体继电器动作概况

某年 7 月 17 日 12 时 15 分，某变电站 2 号主变压器满负载运行。14 时 55 分，该变电站 2 号主变压器重瓦斯突然动作，变压器三侧开关跳闸。跳闸后，运检人员根据图 5-16 应急处理流程的要求对变压器一、二次设备进行了检查。经过现场详细检查结果见表 5-4。

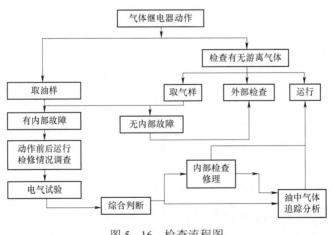

图 5-16　检查流程图

表 5-4 　　　　　　　　　　现 场 检 查 结 果

序号	检查项目	结　论
1	主变压器本体检查	本体有油迹，油位指示偏高，油温及绕组温度偏高
2	气体继电器检查	气体继电器内无气体，观察窗内油颜色正常，接线盒密封良好，无受潮痕迹
3	冷却器检查	工作正常，冷却器停止时油泵负压区无渗漏
4	储油柜检查	主变压器储油柜呼吸器管路畅通，储油柜无渗漏油
5	绝缘油化分析	正常
6	本体重瓦斯中间继电器和信号继电器动作特性检查	正常
7	现场保护信息	13:03:19　2号主变压器本体油位异常 14:52:51　2号主变压器油温高 14:55:06　2号主变压器压力释放阀动作 14:55:08　2号主变压器重瓦斯动作，主变压器跳闸出口

（二）气体继电器动作原因分析

1. 气体继电器结构

本变电站变压器配备的气体继电器为广泛使用的一种新型双浮球气体继电器，具体结构如图 5-17 所示。

该型号气体继电器安装在变压器油箱和储油柜之间的连管中，双浮子气体继电器的下浮子为橄榄形浮子，其下部位于油流主通道上部。正常运行时，气体继电器内充满变压器油。由于浮力作用，两个浮子都位于其最上部。如果变压器内部发生故障，气体继电器的不同的动作情况如下。

（1）轻瓦斯动作。其动作原因是局部过热引起液体和固体绝缘逐渐分解而生成气体。轻瓦斯动作示意图如图 5-18 所示。

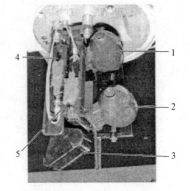

图 5-17　双浮球气体继电器结构
1—轻瓦斯动作浮子；2—低油位动作浮子；3—叉型挡板（重瓦斯油流动作体）；4—轻瓦斯动作触点（干簧管）；5—重瓦斯、低油位动作共用触点（干簧管）

当气体向上游动，聚集在气体继电器内并排除其内部的变压器油。液面下降，上浮子随之落下。和该浮子连在一起的永久磁铁沿触点滑下。当浮子到达其整定位置，永久磁铁立即使触点动作，发出报警信号。气体继电器的设计是使其只能容纳一定量的气体体积，若气体继续产生，液面即降至连管内径的最高点以下，后续的气体便可能流向储油柜。下浮子位置保持不动。

109

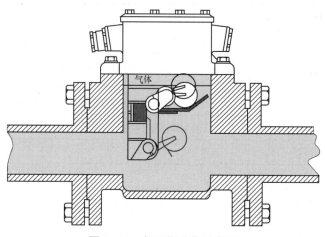

图 5-18　轻瓦斯动作示意图

（2）重瓦斯动作。变压器内部高能量放电产生快速甚至强烈的分解气体。由此产生的压力波引起液体冲向储油柜的强力涌流。重瓦斯动作示意图如图 5-19 所示。当强力涌流冲向油路中的挡板。如果流速超过挡板的整定值，挡板即向油流方向翻倒，致使触点动作，跳闸信号被释放。

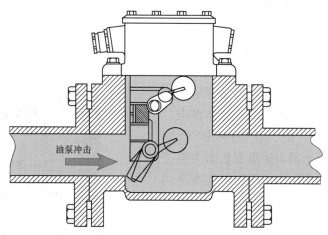

图 5-19　重瓦斯动作示意图

（3）低油位动作。由于变压器油流失，通过重瓦斯、低油位动作共用触点跳闸。低油位动作示意图如图 5-20 所示。

当变压器流失，上浮子随着油液面的下降而下降，上开关系统动作，其原理和轻瓦斯动作相同。如果液体连续流失，储油柜和连管的油将通过气体继电器流出去。液面下降造成浮子位置下降，其上的永久磁铁沿触点下滑。当浮子位置到达其整定位置时，低油位浮子上的动作磁铁使触点动作，发出跳闸信号。

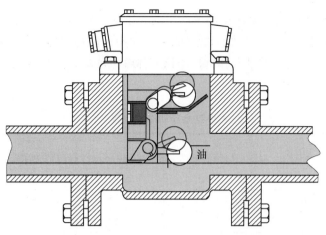

图 5-20　低油位动作示意图

2. 气体继电器误动作原因

根据变压器开关跳闸后对一、二次设备检查，可以排除因气体继电器受潮或者二次接线受潮引起重瓦斯动作致使变压器开关跳闸。在压力释放阀动作时，变压器本体油泄放，压力释放阀位于变压器本体顶部，储油柜的油位远远高于本体，储油柜中的油经过气体继电器流向本体。但由于能引起重瓦斯动作的挡板受框架限位不会动作，排除了气体继电器重瓦斯动作挡板动作引起变压器开关跳闸。

经过上述对双浮球气体继电器的原理分析可知，低油位保护浮子与重瓦斯挡板共用一个触点（干簧管），低油位动作浮子一旦动作也会直接导致重瓦斯动作，致使变压器开关跳闸。对此进行了如下分析。

（1）在压力释放阀动作，主变压器本体油被释放时，储油柜中的油流经气体继电器的通道主要有继电器元件框架两侧和气体继电器底部这两个通道。低油位动作油流作用分析示意图如图 5-21 所示。

（2）流经继电器元件框架两侧的变压器油对低油位动作浮子的作用相同，不会对浮子造成动作影响。

（3）低油位动作浮子上部变压器油相对于油流主通道油而言可以说流动非常缓慢，可以认为是静油区，低油位动作浮子的下部是变压器储油柜通向变压器本体的主通道，

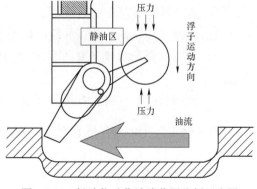

图 5-21　低油位动作油流作用分析示意图

油流动作速度相对较快。由不可压、理想流体沿流管做定常流动时的伯努利定理可知，流动速度增加，流体的静压将减小；反之，流动速度减小，流体的静压将增加。由此可见，低油位动作浮子上部因油流速很慢而静压高，动作浮子下部因油流速快而静压低，因此该低油位动作浮子就有了向下动作的力矩来源。

反向动作值偏低。浮子为橄榄外形结构等原因，导致该低油位动作浮子起始动作力

矩非常小。由于油流对低油位动作浮子产生的向下动作的力就会使低油位动作浮子动作导致主变压器重瓦斯跳闸。气体继电器事故后，对分析的情况做了气体继电器动作试验，试验数据见表5-5。验证了以上分析，即该气体继电器动作值低导致了主变压器重瓦斯保护的误动作。

表 5-5　　　　　　　　　　气体继电器动作试验数据

分类	次数	流速1（m/s）	流速2（m/s）	流速3（m/s）	平均流速（m/s）
正向动作试验数据	第一次	0.841	0.858	0.849	0.849
	第二次	0.849	0.858	0.858	0.855
反向动作试验数据	第一次	0.745	0.728	0.731	0.735
	第二次	0.750	0.764	0.739	0.751

（三）应对措施

根据对本次气体继电器误动作的分析，我们对气体继电器及相关附件的选型、使用和维护方面有如下应对措施。

（1）应加强变压器附件的选型、验收等工作，如继电器、冷却器、测温元件等附属设备的选型。特别是应选用抗振性能良好和动作可靠的气体继电器。结合停电逐步更换反向动作值低的双浮球气体继电器。

（2）新安装的气体继电器、压力释放装置和温度计等非电量保护装置必须经校验合格后方可使用。运行中应结合检修（压力释放装置应结合大修）进行校验，双浮球结构气体继电器应做反向动作试验并进行校验。为减少变压器的停电检修时间，压力释放装置、气体继电器宜备有合格的备品。

（3）油浸式变压器和高压并联电抗器的轻瓦斯和压力释放阀触点宜作用于信号。

（4）在高温负荷季节到来之前，应对主变压器特别是室内变压器的散热器进行清理、清洗工作。

（5）高峰负荷时，对主变压器要加强运行巡视，加强油位监视。

案例七：220kV变压器有载分接开关气体继电器故障案例解析

（一）气体继电器动作概况

某变电站共有2台主变压器，220kV和110kV系统为双母线运行，35kV为系统单母单分段运行。其中1号变压器经2201开关带220kV-4母线运行，经101开关带110kV-5母线运行，经301开关带35kV-4母线运行，母联2245开关、145开关、345开关备用，2245、145、345自投投入。

某年12月4日19时12分，1号主变压器有载分接开关重瓦斯保护动作，2201、101、301开关掉闸，345自投良好，由于1号主变压器所带110kV-4母线存在电源进线，造成 110kV-4 母线未失电，145 未自投，在电源进线机组跳闸之后，110kV-4 母线失电约 1.8s 后 145 自投成功。变压器当时负荷为 31.9%，上层油温为 40℃，运行在 3 分接，运行工况良好；有载调压开关故障当日共调压 3 次，分别为：13 时 30 分由 4 挡至 5 挡、17 时 57 分由 5 挡至 4 挡、19 时 12 分由 4 挡至 3 挡，6s 后变压器掉闸。

　　经检查，变压器分接开关、本体、油位表及压力释放阀等均正常，其他一次设备及附件也未见异常。观察有载气体继电器玻璃视窗，发现一侧玻璃干簧管变黑，另一侧玻璃干簧管正常，故障后对主变压器进行油色谱试验和有载开关油耐压试验，数据均合格。

（二）气体继电器动作原因分析

1. 气体继电器结构

　　故障的有载气体继电器（也称油流继电器）为德国某公司产品，型号为 URF-25/10，外观如图 5-22 所示。该气体继电器主要由玻璃视窗、法兰连接、试验与复位按钮、接线盒与引线口以及继电器本体组成。其中，玻璃视窗用于在运行中观察油位和继电器各功能元件状态；法兰连接用于将气体继电器串接入有载开关与储油柜的管道间；试验与复位按钮，用于测试继电器的动作情况，同时实现继电器动作后的人工复位（该装置不能自行复位，仅可通过旋转后人工复位）；继电器上部接线盒内有两组出线，其中一组经引线口引出，并接入二次保护系统，另一组备用。

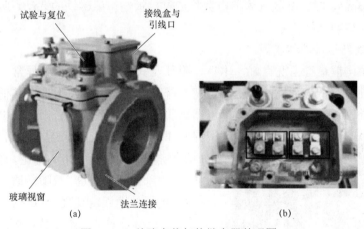

图 5-22　故障有载气体继电器外观图
（a）整体结构图；（b）俯视接线盒

　　故障气体继电器本体内部基本结构如图 5-23 所示。继电器本体由挡板、联动机构、玻璃干簧管、恒磁磁铁、定位与调整机构、测试与复位机构等部分组成。其中，玻璃干簧管经定位机构固定于继电器本体框架上，玻璃干簧管内充满绝缘气体（氮气），其内放置两端分离的铜片；挡板与恒磁磁铁通过联动机构实现机械连接，挡板动作后带动恒磁磁铁移动，当恒磁磁铁移动到玻璃干簧管一侧时，受磁力作用，铜片触点闭合，信号回路导通；继电器挡板采用磁性控制，即挡板在其位置由恒磁磁铁固定 [见图 5-23（b）]，只有当变压器油的流速超过预先给定的数值时，它才会启动，并发出信号；当测试与复位机构进行按下操作时，将带动挡板动作，恒磁磁铁使玻璃干簧管内触点闭合；当测试与复位机构进行旋转操作时，将带动挡板和恒磁磁铁返回原位，使玻璃干簧管内触点由于失磁而复位断开；继电器由两组磁动机构组成，即有两组玻璃干簧管和恒磁磁铁与一个挡板呈对称连接；调整机构用于调整玻璃干簧管和固定磁铁位置，以校正挡板的动作条件（油流速度）。

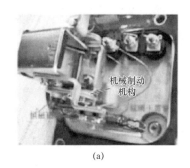
(a)

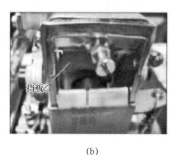
(b)

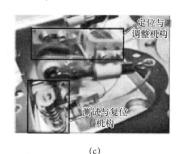
(c)

图 5-23　故障有载气体继电器本体内部结构图
（a）内部俯视图；（b）内部后视图；（c）内部侧视图

通过上述结构分析可知，气体继电器的基本原理是：当有载分接开关油箱内由于故障产生大量气体造成高速油流，并且油流速度超过限定数值（该有载气体继电器油流速度整定为 3.13m/s）时，有载气体继电器将通过挡板与恒磁磁铁的联动，吸引玻璃干簧管内触点闭合，启动跳闸信号。

2. 气体继电器误动作原因

变压器跳闸前运行工况良好，本体、附件及其他一次设备未见异常。根据故障动作过程及本体油色谱试验合格的结论，可初步排除变压器本体及附件、其他一次设备故障的可能。另外，通过有载开关气体继电器试验与复位按钮操作显示，继电器内部挡板未

图 5-24　两套玻璃干簧管积碳对比

动作，即油流速度未超过整定值。同时，根据有载分接开关绝缘油试验合格的结论，也可排除有载分接开关内部故障的可能。故障后通过有载分接开关气体继电器玻璃视窗观察，继电器一侧玻璃干簧管变黑，经解体后检查，继电器一侧玻璃干簧管（接二次保护）存在明显的放电灼黑现象，与另一侧玻璃干簧管（未利用）形成鲜明的对比，如图 5-24 所示。

经解体检查，玻璃干簧管已渗入变压器油，占整个玻璃干簧管近 1/6 的空间，但未观察到渗入点，且内部变压器油也未见渗出，因此可推断变压器油应是在储油柜与玻璃干簧管间的油压作用下逐步渗入玻璃干簧管内。

对有载分接开关气体继电器引出线端子间（触点间）进行绝缘电阻试验，二次保护信号用端子间绝缘电阻为 4MΩ，未利用端子间绝缘电阻为 50 000MΩ，而按照出厂试验要求，该继电器触点间绝缘电阻应大于 300MΩ。故障玻璃干簧管内触点间绝缘明显降低。

开关触点开断过程中，电弧在油中燃烧产生一定量的游离碳，对于频繁动作的开关，油中将存在较多的游离碳。如图 5-24 所示，开关气体继电器内部 2 组接线端子中，接二次保护信号的一个端子（接负电）上有大量的碳元素吸附（发黑），而其他端子未有该现象，初步推断该现象是在运行中，受有载分接开关气体继电器引线端子间电场作用（直流电压 220V），带负电的端子对游离碳吸附作用所致。

开关故障当日动作 3 次，且最后一次动作后 6s 变压器掉闸，从时间坐标考虑，动作与本次故障应具有一定的关联关系。

经上述分析，可推断该变压器故障跳闸原因为：有载分接开关气体继电器玻璃干簧管破损渗油，使触点间绝缘性能降低，进一步造成触点间打火放电，使渗入的绝缘油碳化分解，玻璃管灼黑、触点对游离碳吸附，上述效应逐步累积，在某次开关动作后，油流使玻璃干簧管内绝缘状态发生质变，最终导致触点瞬间导通，气体继电器重瓦斯保护动作，变压器跳闸。

为了找出玻璃干簧管破损的具体位置，对该设备进行密封性试验，试验结果表明，破损位置为玻璃干簧管引出线连接部分。经技术分析，造成上述问题的原因可能是开关气体继电器出厂前就存在密封性缺陷，也可能是安装开关气体继电器过程中，或在运行中受变压器（调压过程）振动影响，玻璃干簧管引出线部位存在不明显破损。

（三）应对措施

本次故障是由于玻璃干簧管损坏导致开关气体继电器误动造成的，根据文献记录和现场运行情况，造成气体继电器误动的案例和原因还有很多，因此，应对变压器有载分接开关气体继电器给予足够的重视。结合本次事故经验和管理现状，提出以下预防措施。

（1）停用有载分接开关瓦斯保护或结合变压器停电试验，对网内开关气体继电器触点端子间进行绝缘电阻测量，排查故障隐患。

（2）结合本次故障变压器的停电试验，对其有载分接开关进行吊罩检查，彻底排除有载分接开关存在故障隐患的可能性。

（3）加强变压器出厂验收阶段的技术监督力度，在变压器关键触点见证以及厂内抽检过程中，着重关注有载分接开关气体继电器密封性试验项目。

（4）由于有载分接开关气体继电器相对于变压器本体、套管、分接开关等一次设备及其附件的重要性相对较轻，因此多数电网在生产管理系统，运行台账中尚未建立有载分接开关气体继电器的完整信息，因此为加强 220kV 有载开分接关气体继电器设备的维护管理工作，应逐步建立完备的变压器有载分接开关气体继电器信息，如厂家、型号及出厂日期等。

案例八：重瓦斯保护动作跳闸案例解析

（一）气体继电器动作概况

某厂 1 号发电机组 C 屏报主变压器 B 相重瓦斯保护动作，发电机跳闸、汽轮机跳闸、锅炉主燃料跳闸（MFT）保护跳闸，1号机组负载为373MW，无功功率为56.4Mvar。1号机组解列，运行人员调出首发信号为汽轮机跳闸，调出电气控制画面，光子牌为1号发电机—变压器组保护（简称发—变组保护）C屏重瓦斯保护跳闸，继电保护人员到保护间就地检查，1号机组发−变组保护C频发主变压器B相重瓦斯保护动作。

（二）气体继电器动作原因分析

1. 故障查找

（1）电气一次检查。检查油位、颜色，未见异常；检查无析出气体；检查主变压器本体外观，未见异常，压力释放阀未动作，套管未见异常，试验人员测试发电机低压侧绝缘合格。

（2）电气二次检查。检查1号机组发—变组保护C屏报主变压器B相重瓦斯保护动作信号，其气体继电器无异常，本体无异常现象。

检查1号机组直流监视系统无告警，但发现正极绝缘低（正级对地电压27～29V），在查找直流系统正级绝缘低问题时，采取拉路的方法，找到故障点在输煤PC支路，同时发现公用PC−B段支路直流负极绝缘也低，原因为B段母线电压互感器（TV）的3YJ电压继电器插错，将时间继电器插在了3YJ继电器插座上，造成了负极对地绝缘性能降低，将时间继电器拔出后绝缘恢复正常，正极对地电压59.5V，负极对地电压59.8V。

检查分布式控制系统（DCS）电气报警系统，电气报警C柜报发−变组保护C屏主变压器重瓦斯跳闸，网络监控系统（NCS）机组测控报1号机组自动发电量控制（AGC）发−变组C屏主变压器重瓦斯跳闸，1号机组AGC发−变组C屏装置报警。主变压器油采样经色谱分析，无异常。调取1号主变压器绕组温度，无波动，显示为平稳直线，温度为23℃。检查打印故障录波器波形，1号主变压器A、B、C三相电流无突变、波动，均为正常运行电流，没有轻瓦斯报警信号。重点检查重瓦斯二次回路接线，甩开气体继电器和发−变组保护装置，用1000V摇表测试跳闸线间绝缘，绝缘良好，当检查到变压器B相端子箱处时，发现重瓦斯跳闸线（X1−18）061A存在寄生回路，信号倍增器的接地线接在了重瓦斯跳闸线（X1−18）06A上，当初基建时将回路编号搞错，应是061B，造成重瓦斯跳闸线接地。

2. 气体继电器动作原因

主变压器瓦斯保护接线为从变压器本体气体继电器经本体端子箱转接至发−变组保护C屏，同时重瓦斯保护只通过采取一对触点闭合跳闸的原理，未采用双触点相互闭锁的回路，不符合相关规定要求。基建时接线错误，导致信号倍增器的接地线接在了重瓦斯跳闸线（X1−18）061A上，致使重瓦斯跳闸线（X1−18）061A存在寄生回路。主变压器重瓦斯保护采用单触点跳闸回路，恰逢1号机组直流系统正极绝缘性能降低，降至最低点（正极对地电压27～29V，负极对地电压−91～−89V），重瓦斯继电器JB5线圈分压达到了动作值（72V），使该继电器单触点闭合，造成重瓦斯保护误动作机组跳闸。

（三）应对措施

（1）将气体继电器引出线电缆按照相关规定要求，不经过中间端子，直接接到发－变组保护屏上。

（2）将单触点跳闸回路改造为双触点相互闭锁回路，即重瓦斯双触点单独引出，经两块中间继电器触点串联接线的方式（见图 5-25），使用防油塑料电缆，每芯截面积为 $2.5\sim4.0mm^2$，工作电压 500V，芯间有高强度绝缘塑料绝缘皮，并经瓦斯回路一点瞬间和可靠接地，进行保护不误动试验，接线改造结果符合要求。

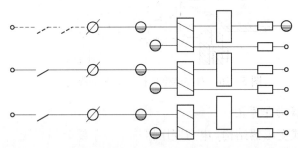

图 5-25　单触点跳闸回路改造为双触点相互闭锁回路

（3）将主变压器端子箱内部接线全部重新设计、变更图纸，使每个端子排都不存在双接线和寄生回路隐患的现象。

案例九：区外故障主变压器重瓦斯保护误动作案例解析

（一）气体继电器动作概况

某年 8 月 6 日 12 时 31 分，某变电站 220kV 两条线近区约 1.3km 处遭受雷击，220kV 甲出线间隔发生 B、C 相间接地短路故障，220kV 乙出线间隔发生 B 相接地短路故障，两条线线路保护均正确动作，45ms 后将故障切除。160ms 后，1 号主变压器（500kV 壳式主变压器）重瓦斯保护 C 相动作开入，此时流过 1 号主变压器中压侧的穿越电流为：B 相 14.33kA、C 相 17.7kA，98ms 后 C 相重瓦斯保护动作开入返回，由于未达到延时值（设定 1s），主变压器未跳闸。

（二）气体继电器动作原因分析

1. 气体继电器结构

气体继电器装在变压器的储油柜和油箱之间的管道上，利用变压器内部故障而使油分解产生气体或造成油流涌动时，使气体继电器的触点动作，接通指定的控制回路，并及时发出信号报警（轻瓦斯）或启动保护元件自动切除变压器（重瓦斯）。

图 5-26 为 500kV 壳式变压器配备的双浮球带挡板气体继电器结构图。由于突发性事件而产生向储油柜方向运动的压力波冲击气体继电器挡板，当压力波流速超过挡板动

作值时，挡板顺着压力波方向移动，触发触点动作，引发开关跳闸；当压力波消退后，挡板承受油流压力减弱，在磁铁吸引力作用下，挡板向位置 1 方向移动，瓦斯动作信号复位。

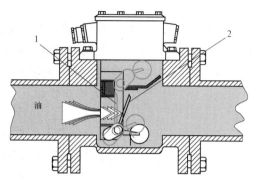

图 5-26　双浮球带挡板气体继电器结构图

2. 气体继电器误动作原因

（1）500kV 壳式变压器结构。电力变压器按结构主要分为壳式变压器和芯式变压器。图 5-27 为壳式与芯式变压器铁芯及绕组排列图。与芯式变压器相比，壳式变压器铁芯水平放置，铁芯柱截面形状为矩形，绕组被铁芯包围，线饼垂直布置，饼间油道垂直，油箱和器身间隙小。优点是能够承受较大电磁力，散热性能好；缺点是绝缘结构、工艺复杂，铁芯通过箱体固定，短路电流通过绕组引起的振动容易传到箱体。

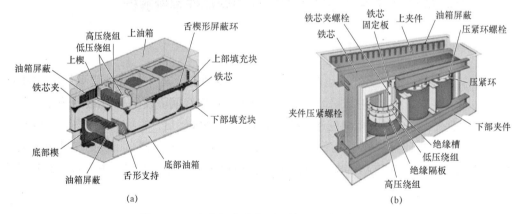

(a)　　　　　　　　　　　　　　　(b)

图 5-27　壳式与芯式变压器铁芯及绕组排列图
（a）壳式变压器铁芯与绕组排列示意图；（b）芯式变压器铁芯与绕组排列图

（2）气体继电器误动作原因。

1）现场检查情况。对 500kV 壳式变压器区外故障重瓦斯保护误动故障现场检查发现以下情况。

a. 重瓦斯保护误动事件为变压器外部线路发生短路接地故障导致主变压器重瓦斯跳闸，主变压器电气保护均未动作。

b. 各主变压器电气保护及瓦斯保护装置及二次回路均运行正常，不存在保护装置及二次回路异常的现象。

c. 重瓦斯保护误动变压器经历的最大穿越性故障电流峰值均大于 13kA。穿越性故障电流的峰值最小为 14.73kA，最大为 25.89kA。

2）气体继电器动作原因分析。从现场检查情况来看，由于不存在保护装置及二次回路异常的现象，说明重瓦斯保护动作是由于信号触点被触发导致跳闸信号输出引起的。从壳式变压器的结构特点分析重瓦斯保护动作的可能原因有以下两种。

油流涌动。由于短路电动力的影响，主变压器内部绕组受到很大的机械力并产生了巨大的振动。鉴于壳式变压器绕组及油道排列的特殊性，振动的绕组不断把绝缘油从绕组周围推向上层油箱空间。受到挤压的绝缘油通过升高座和气体继电器迅速流向储油柜，油流速度达到气体继电器的整定值而动作。壳式变压器在区外短路时内部油流速度临时增大过程示意图如图 5-28 所示。

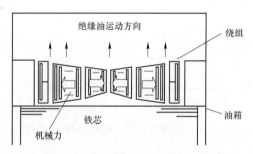

图 5-28　内部油流速度瞬时增大过程

（3）抗振性能不足。变压器在绕组巨大动态电动力作用下产生振动，气体继电器浮子本体振动时发生误动，导致重瓦斯保护动作跳闸。

由此分析，壳式变压器特殊结构导致的油流涌动是引起壳式变压器区外故障重瓦斯保护误动的主要原因。

（三）应对措施

从重瓦斯保护动作时序来看，主变压器区外故障后，油流涌动至气体继电器，流速大于整定值推动挡板，触发动作触点，重瓦斯保护动作；区外故障切除后，电动力消失，油流涌动速度下降，流速小于整定值后重瓦斯信号复位。因此，可通过采取重瓦斯跳闸延时保护策略避开区外故障时持续的油流涌动，防止重瓦斯误动。

重瓦斯保护跳闸延时保护策略主要是通过在重瓦斯保护启动后增加固定延时的方式，以提高对区外故障的保护选择性。气体继电器延时保护的逻辑时序如图 5-29 所示。正常运行时，继电器触点未接通，主变压器三侧开关处于闭合状态。当变压器由于某种突发性事件而产生油流涌动流速超过挡板或浮子整定值时，气体继电器发出跳闸信号。在目前的保护方式下，该跳闸信号均直接出口至变压器三侧开关。延时保护措施是在该跳闸信号后增加固定延时，并将延时后信号与当前气体继电器状态进行"与"的逻辑判断，再进行下一步操作。如果当前气体继电器已经处于复归状态，则本次瓦斯保护动作不出口；反之，若当前状态仍为跳闸出口状态，则本次瓦斯保护动作出口。

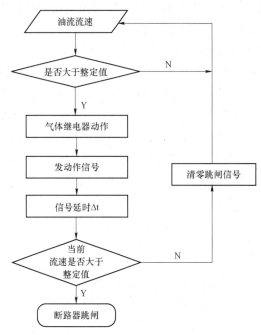

图 5-29　气体继电器延时保护的逻辑时序

延时保护策略的关键是延时时间的确定，基于近年来发生的主变重瓦斯保护误动跳闸故障中瓦斯保护的动作时延，并结合气体继电器自身的动作时间特性综合选择确定延时时间。图 5-30 中，t_1 为区外故障时变压器气体继电器处油流涌动持续时间，t_2 为气体继电器复位时间（经对常用继电器生产厂家调研表明，典型气体继电器的复位时间均小于 100ms，取 100ms）。

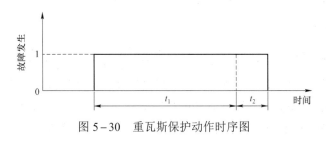

图 5-30　重瓦斯保护动作时序图

重瓦斯保护动作持续时间 t_{lst} 为 t_1 与 t_2 的和。为了有效避免外部故障时重瓦斯保护误动，则保护时延时间 t_{del} 应大于 t_{lst}。因此采用式（5-1）和式（5-2）对保护时延时间进行整定：

$$t_{lst} = (t_1 + t_2) \tag{5-1}$$

$$t_{del} = K_{rel} t_{lst} \tag{5-2}$$

式中　K_{rel}——可靠系数。

依据区外故障时保护动作情况，本节提出以下两种保护时延时间选择策略。

（1）区外故障主保护正确动作且开关不失灵时保护时延。如果区外故障时主保护动作正常且开关不失灵，区外故障及时被切除。从相关案例中 500kV 壳式主变压器故障中重瓦斯保护误动持续时间来看，所有主变压器气体电器误动作的持续时间 t_{lst} 均小于 150ms；此外，按照壳式变压器厂家计算结果：区外短路故障、短路电流 17kA 情况下，区外主保护正确动作且开关不失灵时，油流从涌动开始至速度衰减至 1.5m/s 以下最长持续时间约为 400ms。因此，采用式（5−2）进行时延时间整定（K_{rel} 取 1.1，t_{lst} 取 400ms）：

$$t_{del} = K_{rel} t_{lst} = 1.1 \times (400 + 100) = 550(ms)$$

因此，如果区外短路故障时主保护动作正确且开关不失灵，保护时延时间 t_{del} 只需大于 550ms 即可。

（2）区外故障开关失灵、后备保护正确动作保护时延。考虑区外短路时开关失灵，依靠后备保护动作来切除故障。依据南网总调历年保护动作情况分析发现，开关失灵后，后备保护动作的时间 t_{res} 约为 620ms；在该过程中，依据壳式变压器厂家计算结果，油流从涌动开始至速度衰减至 1.5m/s 以下的最长持续时间为 800ms。因此，综合考虑，采用式（5−2）进行时延时间整定（K_{rel} 取 1.1，t_{lst} 取 800ms）：

$$t_{del} = K_{rel} t_{lst} = 1.1 \times (800 + 100) = 990(ms)$$

因此，如果区外故障时开关失灵、后备保护正确动作，保护时延时间 t_{del} 只需大于 990ms（取 1000ms）即可。

两种延时方案对比发现，第一种策略下，如果区外故障开关失灵，则可能仍存在区外故障重瓦斯保护动作的风险；第二种策略延时时间长，在区外故障开关失灵情况下，依然可以避免重瓦斯保护跳闸，且后备保护失灵的可能性概率极低，因此选择第二种延时策略（延时 1s）足以保证防误动有效性。

案例十：220kV 变电站主变压器重瓦斯保护动作案例解析

（一）气体继电器动作概况

220kV 某变电站有 1 台 220kV 主变压器，2 条 220kV 线路，110kV 线路若干，10kV 线路若干。事故前，220kV 双母线并列运行，2053 开关、1 号主变压器 220kV 侧 2001 开关运行在 I 段母线，2052 开关运行在 II 段母线；110kV 双母线并列运行，1 号主变压器 110kV 侧 101 开关运行在 I 段母线，110kV PS 线 107 开关运行在 II 段母线；10kV 单母分段运行，1 号主变压器 10kV 侧 901 开关运行在 I 段。

某年 8 月 12 日 16 时 25 分，事故喇叭响，主控室后台机发出"1 号主变压器本体重瓦斯动作""107 开关保护跳闸""901 开关出口跳闸""107 开关重合闸动作"，运行人员检查 1 号主变压器保护屏，发现本体保护装置发出"本体信号""本体跳闸"信号，10kV 操作箱出现"保护跳闸"信号，110kV PS 线 107 开关保护装置显示"保护跳闸""重合闸"信号，运行人员现场检查，发现 901 开关在分闸位置，107 开关、2001 开关、101

开关在合闸位置，检查10kV设备未发现异常，检查1号主变压器本体未发现异常，气体继电器未发现气体。故障信息显示：110kV PS线107开关零序Ⅱ段动作，U、W两相接地故障，故障距离13.18km。当时天气为雷雨天气。

8月12日16时36分，调度下令合上1号主变压器10kV侧901开关。16时38分，变电站值班员合上901开关。

8月12日17时整，事故喇叭响，后台机发出"1号主变压器本体重瓦斯动作""107开关保护跳闸""901开关出口跳闸""107开关重合闸动作"，检查1号主变压器保护屏，发现本体保护装置发出"本体信号""本体跳闸"，10kV操作箱无信号，107开关保护装置显示"保护跳闸""重合闸"信号。

现场检查107开关在分闸位置，901开关、2001开关、101开关在合闸位置，检查10kV设备未发现异常，1号主变压器本体未发现异常，气体继电器未发现气体。故障信息显示：110kVPS线107开关距离Ⅰ段动作，W相接地故障，故障距离5.18km。当时天气为雷雨天气。

（二）气体继电器动作原因分析

1. 故障查找

8月13日12时10分，天气稍晴，运行人员将1号主变压器由运行转检修，对事故原因进行调查，对1号主变压器及其保护装置进行检查、试验。

（1）一次设备检查、试验情况：外观检查，主变压器本体和各连接线外观正常，气体继电器无气体、无放电痕迹；对主变压器本体油取样色谱分析，未发现异常；对901开关进行了回路接触电阻、开关动作特性、绝缘电阻和交流耐压试验，均在合格范围，未发现异常；该变电站地网测试记录情况：地网导通测试导通良好；地网接地电阻测试时间为阻值0.49Ω（设计要求值≤0.77Ω）。结论：未发现1号主变压器及901开关异常，可投入运行。

（2）二次设备检查、试验情况：检查主变压器非电量保护二次接线，现场与图纸相符；检查主变压器本体气体继电器内无气体，触点动作可靠，模拟气体继电器动作能可靠跳主变压器三侧开关；检查非电量保护控制电缆芯对芯和芯对地绝缘，绝缘电阻大于500mΩ，绝缘良好；检查主变压器保护控制电缆屏蔽层两端接地良好；在主变压器本体重瓦斯启动回路接入200ms的干扰脉冲，动作情况见表5-6。

表5-6　　　　　　　　　　干扰脉冲对重瓦斯保护的影响情况

序号	干扰脉冲值（V）	干扰脉冲时间（ms）	信号继电器动作情况	开关跳闸情况
1	78	200	动作	未动作
2	80	200	动作	未动作
3	96	200	动作	901跳闸
4	104	200	动作	2001 B相跳闸

续表

序号	干扰脉冲值（V）	干扰脉冲时间（ms）	信号继电器动作情况	开关跳闸情况
5	106	200	动作	2001 C 相、101 跳闸
6	112	200	动作	2001 A 相跳闸

注　后台信号及录波开关均接气体继电器动作信号继电器触点，而不是出口继电器触点。

2. 气体继电器动作原因

（1）故障原因分析。8月12日16时25分，110kV PS 线 107 开关零序Ⅱ段保护动作跳闸，A、C相接地故障，重合成功。8月12日17时整，110kV PS 线 107 开关距离Ⅰ段保护动作跳闸，C 相接地故障，重合不成功。PS 线两次故障在主变压器本体重瓦斯启动回路上出现了干扰，结合故障录波和模拟加压进行分析，第一次干扰源是出现在 PS 线第一次故障启动后 290ms 左右，第二次干扰源是出现在是 PS 线第二次故障启动后 200ms 左右，时间上可比性不大。第一次故障电流持续的时间为 1000ms 左右。第二次故障电流持续的时间为 200ms 左右。并且第一次故障为 A、C 相接地故障，故障电流为第二次 C 相接地故障电流的 2 倍左右。无论是从时间上还是从强度上来说第一次都要比第二次来得更强烈，也就是说第一次干扰的强度要大，干扰脉冲的幅值刚好在 96～104V，致使 1 号主变压器本体重瓦斯信号继电器动作和 901 开关跳闸。第二次干扰脉冲的幅值在 96V 以下，只是造成本体重瓦斯信号继电器动作掉牌，没有造成开关跳闸。由以上分析可得出 1 号主变压器保护重瓦斯动作跳 901 开关动作，是因为受到 110kV PS 线接地故障的干扰，非电量保护用的电缆芯产生暂态电压，使重瓦斯保护误动。

（2）干扰源成因分析。变电站的干扰是复杂多变的，很难像拿出故障录波来证明故障电流的存在一样有力的证据来证明干扰的存在。但是可以通过现象去分析和判断。

1）保护人员对主变压器本体重瓦斯启动跳闸回路进行了认真检查排除了回路接线错误的可能性。

2）干扰是在 110kV 母线流过故障电流时出现，而非电量保护控制电缆刚好处在 110kV 母线底下电缆沟。当 110kV 母线流过故障电流时将在母线周围产生磁场，对周围的回路进行切割产生感应电，致使非电量保护用的电缆芯产生暂态电压，使重瓦斯保护误动作。

3）第一次和第二次故障主变压器本体重瓦斯动作的情况也不同，第一次是信号掉牌及跳 901 开关。第二次只是信号掉牌，与两次故障电流的大小有着一定的联系。假如是回路有错误，应该不会出现前后不同的情况。

（三）应对措施

本次重瓦斯保护动作是受到 110kV PS 线接地故障的干扰，非电量保护用的电缆芯产生暂态电压而引起的。对本次特殊故障情况下保护动作行为的分析，有益于今后类似故障情况下保护动作行为的快速准确判断，具有一定的借鉴价值。

（1）更换非电量保护出口继电器插件，因为出口继电器动作电压不满足规程要求（规程要求经长回路的出口继电器的动作电压要求大于50%额定电压小于70%额定电压）。

（2）做好控制电缆的屏蔽层接地。

（3）更换插件后，按照新投运设备的要求，继电保护人员重新对非电量保护装置做全面的检验，尤其是干扰脉冲对主变压器重瓦斯保护影响的试验，并进行开出传动试验。检验合格后，非电量重瓦斯保护方可投入运行。

案例十一：220kV 变压器轻瓦斯保护动作案例解析

（一）气体继电器动作概况

某公司 S109FA 燃机联合循环机组采用发变组单元制接线，出线为 220kV 电压等级，主变压器为常州东芝变压器厂生产的 SFP-480000/220 型强油循环风冷变压器，变压器投运至今运行情况良好。变压器额定电压 236±（2×2.5%）/19kV；额定电流，1174/14 568A；接线组别 Ynd11；短路阻抗 U_d=14%。气体继电器为德国百利门 04-10 型，变压器吸湿器为 XS2-9 型。

某年 12 月某晚，变压器"轻瓦斯保护动作"告警，当时变压器处于热备用状态。通常情况下，瓦斯保护动作主要发生在变压器运行过程中，在变压器热备用状态下出现较为罕见。异常情况发生后对变压器进行外观检查，没有漏油等现象，储油柜油位计指示为 30%，气体继电器未发现有气体积聚，松开气体继电器放气口时有吸气现象。

（二）气体继电器动作原因分析

1. 轻瓦斯动作原因检查

油浸变压器轻瓦斯保护动作的原因主要有：冷却系统不严密，空气进入变压器；因温度低或漏油，变压器油面缓慢降落；发生轻微故障，产生少量气体；变压器附近有强烈振动；直流回路接地，二次回路故障等情况。

对变压器气体继电器电气回路进行检查，未发现有直流接地、二次回路故障的现象，报警、动作回路检查正常。

近一年变压器油样分析报告均为正常，当时变压器处于停运状态，冷却系统处于停运状态，可以排除变压器内部故障和吸入空气的可能。对变压器进行外观检查，未有漏油、油位异常变化等现象，油枕油位计指示为 30%，气体继电器未发现有气体积聚。在检查气体继电器时，旋松气体继电器放气口时有吸气现象，主变压器油箱内为负压状态，初步判断为变压器储油柜呼吸器堵塞。

在旋松变压器储油柜吸湿器硅胶桶下部密封盖时，有较大的负压，外界空气被吸入储油柜，可以判断呼吸器硅胶桶部分正常，堵塞位置在呼吸器油杯处。

在旋松呼吸器下部油杯后，呼吸器油杯内油位由低位恢复至正常位置，大量的空气通过呼吸器油杯吸入储油柜，变压器储油柜内压力与外界达到平衡后，"轻瓦斯保护动作"

告警信号自行恢复正常。通过上述排查，变压器呼吸器堵塞造成了轻瓦斯保护动作。

2. 轻瓦斯动作原因分析

变压器呼吸器油杯处堵塞是引起轻瓦斯保护动作的直接原因，油杯结构如图5-31所示，对变压器呼吸器油杯结构进行分析检查。

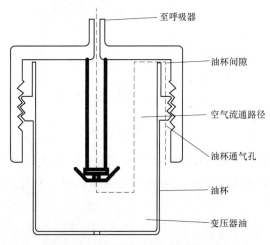

图5-31　变压器呼吸器油杯示意

正常情况下，变压器内油热胀冷缩，产生的体积变化通过呼吸器的空气进出保持平衡，空气通过呼吸器下部的油杯进行过滤，消除杂质和水分，空气流通路径由图5-31可见。检查油杯，油杯通气孔均未发现有堵塞现象，没有密封圈遗留。由于油杯旋入罩壳没有明显的限位指示，当油杯安装时旋入过深，导致油杯与罩壳间隙过小。在变压器投运初期，油杯处相对干净，空气能正常通过油杯与罩壳间隙，随着变压器运行时间的增加，间隙处积聚灰尘和油污，造成油杯与罩壳间隙堵塞，阻断了空气流通路径，变压器内外不能保持空气流通通畅。

主变压器一般停运的机会不多，但是随着机组运行小时数的减少，机组长时间停运，为了减少变压器的空载损耗，在条件具备的情况下，主变压器保持在热备用状态。

变压器正常投运时，储油柜油位在60%~80%变化，变压器储油柜如图5-32所示。由于空气具有可压缩性，在油位变化不多的情况下，虽然呼吸器堵塞仍未引起变压器运行有异常表现。

当变压器在热备用状态下，加上冬季环境温度低，变压器油体积收缩加剧，变压器储油柜油位下降到30%。由于变压器密封性良好，呼吸器堵塞后造成变压器储油柜内形成较大的负压。这种负压增加到一定程度时，使得储油柜与变压器油箱连接管上的气体继电器内变压器油处于负压状态，轻瓦斯保护装置浮子在逐渐降低变压器油压力的作用下，受到的浮力逐步降低，当浮子受到的浮力低于其受到的重力时，在重力的作用下轻瓦斯浮子下落，引起轻瓦斯保护动作报警。所以检查时打开呼吸器后，储油柜压力恢复正常时轻瓦斯保护会自行恢复正常。

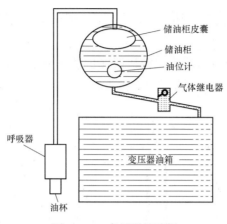

图 5-32 变压器储油柜

通过上述分析，引起轻瓦斯保护的动作原因是：由于变压器呼吸器油杯旋入过深，造成呼吸器堵塞，由于呼吸器堵塞，造成气体继电器处于负压状态，引起轻瓦斯保护动作。

（三）应对措施

变压器呼吸器堵塞是引起此次轻瓦斯保护动作的原因。通过对这次变压器轻瓦斯保护动作的分析和处理，消除了设备隐患，为变压器呼吸器安装维护积累了经验。

（1）调整变压器呼吸器油杯旋入深度，增大油杯与罩壳间的间隙，防止呼吸器堵塞。

（2）在运的变压器进行呼吸器有无堵塞的专项检查，对油杯旋入深度、是否有密封圈未取下等情况进行检查，防止类似的情况发生。

（3）变压器呼吸器的原理虽然相同，但是种类较多、结构有所不同，在运行维护时应根据不同的呼吸器有针对性地进行维护。在变压器进行例行检修时对呼吸器进行同步维护。

（4）运行过程中做好对变压器呼吸器的检查，检查呼吸器油杯油位是否正常、油杯中是否有气泡流动。在对变压器进行取油样、更换硅胶等工作时，须将重瓦斯保护改接信号，防止呼吸器堵塞引起保护动作跳闸。

案例十二：水电站110kV变压器轻瓦斯频繁报警案例解析

（一）气体继电器动作概况

1. 基本情况

某水电站厂房为引水式深井厂房，2×25MW混流式水轮发电机组，引水发电系统为"一洞两机"布置形式，发配电系统为"两机一变"扩大单元接线方式。

变压器是借助电磁感应，以相同的频率在两个或更多的绕组之间变换交流电压和电流，从而传输交流电能的一种静止电器。变压器绕组绝缘性能取决于绝缘纸和绝缘油的性能。而检测绝缘油的品质即可了解到变压器的绝缘性能是否良好。该水电站 110kV 号主变压器参数见表 5-7。

表 5-7 110kV 1 号主变压器设备情况表

序号	项 目		单位	技术参数
1	型号			SF11-63000/110
2	额定容量		MVA	63
3	额定频率		Hz	50
4	空载电流		%	0.22
5	空载损耗		kW	35.22
6	负载损耗		kW	217.14
7	阻抗电压		%	11.49
8	额定	高压	kV	121±2×2.5%
9	电压	低压	kV	10.5
10	额定	高压	A	300.6
11	电流	低压	A	3464.1
12	接线组别			YNd11
13	中性点接地方式			直接接地
14	冷却方式			ONAF
15	制造厂家			山东泰开变压器有限公司

2. 1 号主变压器轻瓦斯报警简述

投运前，1 号主变压器在投之之前曾出现过两次轻瓦斯报警，通过检查确认排除了误报的可能，因 1 号主变压器在出厂时已将变压器油加入，而且到现场之后静置时间较长（约 8 个月），经初步分析是受潮所引起的，调试人员均在两次轻瓦斯报警后排气并复归报警信号。

投运后，7 月 22 日~9 月 4 日，1 号主变压器轻瓦斯报警共 6 次（见表 5-8），在变压器下部气体继电器引下的取气盒进行放油排气盒内出现气体，由此可排除误动作的情况。经过取气、放气处理后，轻瓦斯报警信号复归。

表 5-8 110kV 1 号主变压器轻瓦斯报警统计表

序号	日期	时间	负载（MW）	油温（℃）	线温（℃）	环境温度（℃）
1	7 月 20 日	15:12:17	21.1	47	51	32
2	7 月 22 日	11:29:25	19.7	53	57	31
3	7 月 25 日	14:27:06	24.1	52	55	29
4	7 月 28 日	15:04:04	24.6	52	55	32
5	8 月 02 日	14:38:35	23.7	50	53	33
6	8 月 09 日	17:01:52	22.4	46	48	29

9月4日1号主变压器厂家代表与运维人员共同对1号主变压器进行本体排气处理，并对1号主变压器本体进行检查均正常。9月5日12时38分变压器再一次轻瓦斯信号动作，运维人员再次对变压器油位、油色、铁芯、绕组的温度进行检查以及对气体继电器里面的气体量（约350mL）及颜色进行检查，均未发现异常，经咨询厂家，运维人员将气体排出并将报警信号复归。

（二）气体继电器动作原因分析

1. 色谱分析及标准

（1）色谱分析。7月22日~7月28日，1号主变压器轻瓦斯报警共4次，考虑到新投运的变压器均存在轻瓦斯报警的情况，一般都会经过排几次气体后，即可恢复正常。为对1号主变压器轻瓦斯报警动作原因进行分析，将7月28日1号主变压器轻瓦斯报警的油、气进行取样，并送至电力试验研究院进行色谱分析（见表5-9、表5-10）。

表5-9　　　　　　　　　　1号主变压器油样色谱分析结果

项目	CH_4 ($\mu L/L$)	C_2H_6 ($\mu L/L$)	C_2H_4 ($\mu L/L$)	C_2H_2 ($\mu L/L$)	H_2 ($\mu L/L$)	CO ($\mu L/L$)	CO_2 ($\mu L/L$)	水分 (mg/L)	电压击穿 (kV)
7月28日油样	1.1	0	0	0	15.3	131	521	15.9	64.9

表5-10　　　　　　　　　　1号主变压器气体色谱分析结果　　　　　　　单位：$\mu L/L$

项目	H_2	CO	CO_2	CH_4	C_2H_6	C_2H_4	C_2H_2	总烃
7月28日气样	477.43	817.91	298.21	10.23	0.00	0.00	0.00	10.23

结论：水电站110kV 1号主变压器油样合格，气样中氢气超标。

（2）色谱分析标准。GB 50150—2016《电气装置安装和电气设备交接试验标准》中规定：电力变压器的试验项目包括油中溶解气体的色谱分析。新装变压器油中溶解气体组分含量（$\mu L/L$）任一项不宜超过下列数值：总烃：20；H_2：10；C_2H_2：0。新变压器油中微量水分含量，对电压等级为：110kV的，不应大于20mg/L；220kV的，不应大于15mg/L；330~500kV的，不应大于10mg/L。

GB 7252—2001《变压器油中溶解气体分析和判断导则》中规定：运行中设备内部油中气体含量（$\mu L/L$）超过下列数值时，应引起注意：总烃：150；H_2：150；C_2H_2：1（330kV及以上）及C_2H_2：5（220kV及以下）。GB 7252—2001同时规定：注意值不是划分设备有无故障的唯一标准，当气体浓度达到注意值时，应进行追踪分析，查明原因。

DL 596—1996《电力设备预防性试验规程》中规定：变压器油中微量水分含量，对电压等级为66~110kV的，不应大于35mg/L；220kV的不应大于25mg/L；330~500kV的不应大于15mg/L。

2. 号主变压器油中产生氢气的原因分析

对 1 号主变压器油进行色谱分析结果是油样合格，气样中氢气的含量超标，而引发氢气含量超标的原因：

（1）怀疑是变压器本体或附件存在与空气接触的部位或油纸绝缘材料未干燥彻底。当油中存在水分时，在电场的作用下，水分子将发生电解产生氢气；水分子也可与铁发生反应放出氢气。

（2）环己烷是变压器油的主要成分之一，在炼油过程中，由于工艺条件的限制，难免要在变压器油的馏分中残留下少量的轻质馏分，其中也可包括环乙烷。在某些条件下（如催化剂、温度等）就可能因它发生脱氢反应而产生氢。

（3）变压器在加工过程及焊接时吸附了氢，未经处理即安装，也会导致所含氢慢慢释放到油中。

（三）应对措施

轻瓦斯报警是由于变压器内部发生轻微故障，如进入空气、绕组出现较小的匝间短路，新变压器投运后易发生该问题，主要是内部进入了空气（或内部产生的氢气），变压器油产生一定压力，达气体继电器动作值，若以后 1 号主变压器轻瓦斯报警，则需根据油样、气样进行色谱分析报告具体分析处理。面对 1 号主变压器轻瓦斯的问题，我们从变压器气体继电器的工作原理分析入手，对所有可能出现的情况进行了预防。

1. 处理措施

（1）7 月 22 日～9 月 4 日，1 号主变压器轻瓦斯报警共 6 次，每次 1 号主变压器轻瓦斯报警后，通过运行人员仔细检查，检查变压器电流、电压，直流系统绝缘正常，且无其他保护动作信号，现场检查油位、油面及绕组温度、变压器声音均正常，检查变压器的储油柜、呼吸器、压力释放阀无喷油、冒油现象。

（2）9 月 4 日，1 号主变压器厂家首先对试验报告进行分析，对变压器外观进行检查，确定无漏油现象，然后将气体继电器的气体再次排完。对主变高低压套管的绝缘电阻进行了检查，检查合格。

（3）9 月 6 日～10 月 1 日，1 号主变压器轻瓦斯报警信号未动作，经分析主要原因为新投运的变压器本体及油中残留的气体已经基本排完，加之环境温度变低，1 号主变压器排出的气体较少不够轻气体继电器动作值。

2. 防范措施

（1）加强对检修人员、运行人员的技术培训，使其对设备足够了解，能正确判定设备状况。

（2）坚持每月生产运行分析会，对设备运行状况进行分析，对设备异常情况进行诊断。

（3）运行中严格执行调规、运规。熟记温度极限、油位极限等设备参数。运行值班人员应对不正常的情况积极思考，仔细分析，及时汇报，防事故于未然。运行人员加强设备巡检，通过眼睛可以发现设备的异常现象，如破裂、断线、变形、漏油、变色、腐蚀等不正常的现象；通过耳听鼻闻，来判断设备是否运行正常。

 思考题

一、请简述气体继电器重瓦斯动作的原因。

答：（1）厂家工艺品质不达标，干簧触点及相应接线绝缘时好时坏，干簧管密封不良等。

（2）多台潜油泵同时投运产生的油流冲击可能引起重瓦斯保护误动。

（3）气体继电器探针设计不合理导致主变压器重瓦斯保护误动作。

（4）气体继电器内的绝缘油温度过低（低于凝结点）而凝固，当变压器负载增大或变压器外部气压降低使呼吸器呼吸后，推动气体继电器及连接管内已经凝结的油向储油柜移动，凝结的油带动气体继电器挡板，造成重瓦斯保护动作。

（5）变压器呼吸系统堵塞（呼吸器密封盲垫未取，呼吸器硅胶粉末过多，封油杯内加油过多导致呼吸口粘死），工作人员更换呼吸器时如变压器内部为正压，器身内的油急速流向储油柜，造成瓦斯误动。

（6）变压器检修过程中器身本身没有充分排气，投运后器身中的气体如形成较大气泡，流经挡板时形成"打嗝"，造成重瓦斯误动。

（7）对运行中的变压器进行带电补油工作时，注油位置在瓦斯安装位置以下，注油过程中导致重瓦斯动作。

（8）分接开关检修后瓦斯触点未复归。

（9）变压器散热器上部阀门关闭，下阀门打开，当短时间内散热器底部油流向主变压器本体时，大量油流向储油柜造成重瓦斯动作。

（10）波纹式储油柜卡涩，压力达到一定值时突然快速运动，形成突然变化的油流，当油流达到气体继电器动作整定值时，造成气体继电器出口跳闸。

（11）重瓦斯信号触点绝缘强度降低，当达到某一极限时造成回路导通误动。

（12）干簧管渗油，由于干簧触点一端长期通负电吸附碳杂质等，造成绝缘性能降低，回路导通误动。

（13）干簧触点松动、距离偏小，当主变压器有振动时导致干簧触点抖动，造成回路导通误动。

（14）合闸励磁涌流引起主变压器线圈、器身振动所形成的油流扰动以及油箱振动两者共同作用，可能引起主变压器重瓦斯保护动作。

（15）在较大的穿越性短路电流作用下，变压器绕组或多或少地产生辐向位移，使一次和二次绕组之间的油隙增大。油隙内和绕组外侧产生一定的压力差，使油产生流动。当压差变化较大时，气体继电器可能误动。

（16）双浮球气体继电器的反向动作值低，反向油流较大引起重瓦斯保护动作。

二、请简述变压器（电抗器）本体轻瓦斯报警处置流程。

答： 变电运维人员接到调控中心（或运维人员自行发现）××变电站××主变压器（电抗器）本体轻瓦斯发出的信息后，应开展以下工作：

（1）变电运维人员应第一时间将相关变压器（电抗器）轻瓦斯发信的简要信息汇报本单位生产指挥中心；

（2）生产指挥中心接到汇报后，应立刻通知检修和运维单位，组织专业人员赶赴现场检查，同时将简要信息上报本单位运检部；

（3）变电运维人员应按无人值守变电站应急响应相关要求赶到现场，在15min内完成以下内容的检查，并将现场详细检查判断情况汇报生产指挥中心：

1）检查气体继电器内是否有气体；

2）检查变压器（电抗器）油位、油温、运行声音是否正常；

3）检查变压器（电抗器）是否存在明显的漏油情况；

4）对于强油循环变压器（电抗器），还应检查冷却系统运行情况；

5）核对就地、后台瓦斯告警是否一致；

6）检查变压器（电抗器）各侧电流是否有异常；

7）检查变压器（电抗器）近期检修缺陷信息。

（4）生产指挥中心将初步检查判断情况通知检修单位并要求其进行现场复核，同时汇报本单位运检部。

（5）变电检修人员到达变电站现场后，在15min内按第3条检查内容进行复核，并将复核判断情况汇报生产指挥中心。

（6）生产指挥中心根据现场复核情况，及时按照生产信息报送流程汇报，并组织现场处理。

（7）检修人员根据处理方案进行现场处理。

（8）检修人员处理完毕并经运维人员验收后，汇报生产指挥中心。检修单位在处理完毕后一个工作日内，提交正式的处理分析报告。

（9）生产指挥中心接到报告后上报本单位运检部进行审核，并由其制定后续跟踪运维措施。

（10）生产指挥中心督促检修、运维单位及时反馈后续的跟踪检测分析情况。

三、请简述变压器（电抗器）本体轻瓦斯报警分类。

答：（1）非正确报警：本体气体继电器内无气体，气体继电器内上浮子（浮杯）位置正常。

（2）正确报警：本体气体继电器有气体，气体容积已超过气体继电器轻瓦斯的整定值。

四、请简述变压器（电抗器）本体轻瓦斯非正确告警的检查与处理。

答：（1）临时申请变压器（电抗器）本体重瓦斯跳闸改信号。

（2）检查瓦斯二次回路的受损、绝缘情况，并做出相应处理。

（3）检查瓦斯防雨措施是否完善，并做出相应处理。

（4）检查气体继电器上浮子（浮杯）是否在正确位置，并做出相应处理。

（5）现场检查处理结束后，按要求将重瓦斯由信号改跳闸。

（6）开展一次离线色谱分析。

五、请简述变压器（电抗器）本体轻瓦斯正确告警的检查与处理。

答：（1）检查气体颜色，取气样，并对气体可燃性进行试验，开展气样色谱分析，有条件的还可以开展气体成分定量分析，如含氧量等，确认是否为空气。

（2）取离线油样，开展色谱、微水及含气量测试工作，进行绝对值和纵向数据比对。

（3）在气样、油样检测分析的同时，检修人员按照自冷或风冷、强油风冷设备，逐条开展变压器外部进气原因核查，如呼吸系统、在线监测油色谱回路、潜油泵负压区渗漏等。

（4）若气样、油样检测数据无异常且无明显变化趋势，基本可以排除变压器内部故障原因，重点开展外部空气进入原因核查及处理。若检测数据存在乙炔、氢气等可燃性气体，怀疑内部存在潜伏性故障，应尽快拉停设备，进行诊断性试验。

（5）综合上述外部进气原因检查，若发现明确的外部进气原因，则开展相应的处理工作；若暂未发现进气疑似点，变压器可以考虑继续运行，并开展以下工作：监控中心应加强对该设备后续轻瓦斯信号的监控，变电运维人员结合巡视加强对该设备的现场巡视检查，重点关注轻瓦斯是否重复发信，发信是否有缩短趋势，若有异常及时汇报处理。

（6）上述各种情况处理完成后，开展在线数据对比分析、缩短离线油色谱分析周期以及开展必要的带电诊断性试验，根据结果调整相应的检修运维策略。